# 犬の臨床診断の
# てびき

## 町田　登　監修

文永堂出版

# 序　文

　インターネットの普及により，犬の各種疾患の診断・治療に関する情報を，診察室にいながらにして比較的速やかに入手することが可能になった．とは言え，多忙を極めている小動物臨床獣医師にとって，患者が集中する診療時間帯にコンピューターのスイッチを入れたり切ったりしている時間的余裕などない．もちろん，論文を読んでいる時間はおろか専門書をひもといている時間さえあろうはずもない．また，私たちの記憶というのは大変心細いもので，昨日得た知識ですら今日には曖昧になっている．現場の獣医師に与えられている時間的猶予がほとんどないのに加え，待合室を通ればイライラしながら順番待ちしているオーナーと目が合ってしまう．このような状況下で，患犬の病気を的確に診断し適切な治療を施すためには，手軽に開くことができて瞬時に多くの情報を得ることができる座右の書が必要不可欠となる．

　本学の動物医療センターで昔から見ている光景であるが，病院内を忙しく駆けずり回っている研修医や小動物臨床を志している獣医学徒の多くが，白衣やスクラブのポケットに小さな手帳を忍ばせている．いったい何が書かれているのか興味津々で，何人かの研修医に見せてもらったことがある．すると，そこに記されていたのは，来院した動物のシグナルメント，主要な臨床症状，異常がみられた検査項目と検査値，診断名，治療の要点などであり，単語のみを列挙することで巧みにまとめられていた．また，さらにきれいなノート作りを心がけている者は，デジタルカメラで撮影した疾患特異的なX線像や超音波画像なども張り付けることによって，症例報告集さながらの多彩な内容を具備した手帳に仕上げていた．そして何冊もあるその小さな手帳を事あるごとに開いては何度も繰り返し内容を確認していた．その時に痛感したのが，臨床の第一線で活躍している獣医師にとって真に必要な座右の書は，コンパクトなものでなければならないということであった．

　洋の東西を問わず，小動物臨床に関する多くの著書が長文解説の形態をとる中で，本小冊子では記述内容が総花的になるのを避けるために，我々が日常診療の中で遭遇する機会の多い主要疾患に焦点を絞り，可能な限り箇条書き的な記述方式をとることにした．本書が，臨床の現場で日夜活躍しておられる獣医師のための実践書として，また獣医学教育の課程で小動物臨床を学んでいる獣医学徒の副読本として利用していただけたら幸甚である．

　おしまいに，本書の出版にあたり大変なお骨折りをいただいた執筆者各位，ならびに出版の機会を与えその実現に向けて多大なご尽力をいただいた文永堂出版の関係者各位に心より御礼を申し上げる次第である．

2009 年 1 月<br>
町田　登

## 監 修

町田　登　東京農工大学農学部獣医臨床腫瘍学教室

## 編 集

苅谷和廣　AC プラザ苅谷動物病院
山村穂積　Pet Clinic アニホス

## 執 筆

板倉裕明　和光動物病院
柴内晶子　赤坂動物病院
高野徳孝　高野動物病院
長江秀之　ナガエ動物病院
仲庭茂樹　仲庭動物病院
諸角元二　戸ヶ崎動物病院
渡辺直之　渡辺動物病院

# 略　語　表

| 略　語 | 意　味 |
| --- | --- |
| AChR | アセチルコリン・レセプター |
| ACTH | 副腎皮質刺激ホルモン |
| ADH | 抗利尿ホルモン |
| ALP | アルカリフォスファターゼ |
| ALT | アラニンアミノトランスフェラーゼ |
| ANA | 抗核抗体 |
| APTT | 活性化部分トロンボプラスチン時間 |
| AST | アスパラギン酸アミノトランスフェラーゼ |
| BUN | 血液尿素窒素 |
| CBC | 血液一般検査 |
| CF反応 | 補体結合反応 |
| CRT | 毛細血管再充填時間 |
| CRP | C反応性蛋白 |
| CSF | 脳脊髄液 |
| CT | コンピューター断層撮影 |
| c-TSH | 犬甲状腺刺激ホルモン |
| DIC | 播種性血管内凝固 |
| EFA | 必須脂肪酸 |
| ELISA | 酵素結合免疫吸着法 |
| ERG | 網膜電図 |
| FDP | フィブリン分解産物 |
| $FT_4$ | 遊離サイロキシン |
| GGT | γ-グルタミルトランスフェラーゼ |

| 略　語 | 意　味 |
| --- | --- |
| GMS染色 | ゴモリのメセナミン銀染色 |
| HE染色 | ヘマトキシリン・エオジン染色 |
| HI反応 | 赤血球凝集抑制反応 |
| IgE | 免疫グロブリンE |
| KOH | 水酸化カリウム |
| MG | 重症筋無力症 |
| MRI | 磁気共鳴画像 |
| NaI | ヨウ化ナトリウム |
| NSAIDs | 非ステロイド抗炎症薬 |
| o,p'-DDD | ミトタン |
| PAS染色 | 過ヨウ素酸シッフ染色 |
| PCV | 赤血球容積比 |
| PCR | ポリメラーゼ連鎖反応 |
| pH | 水素イオン指数 |
| PO | 経口投与 |
| PP | 血漿蛋白質 |
| PSS | 門脈体循環シャント |
| PT | プロトロンビン時間 |
| PTH | 上皮小体ホルモン |
| SAMe | S-アデノシルメチオニン |
| SC | 皮下投与 |
| $T_4$ | サイロキシン |
| TLI | トリプシン様免疫活性 |
| TRH | 甲状腺刺激ホルモン放出ホルモン |
| TSH | 甲状腺刺激ホルモン |

# 目　　次

## *Capter 1*　循環器系疾患 ……………………………（板倉裕明）…1

1. 肺動脈弁狭窄症 …………………………………………………… 2
2. 心室中隔欠損症 …………………………………………………… 3
3. 動脈管開存症 ……………………………………………………… 4
4. 右大動脈弓遺残症 ………………………………………………… 5
5. 僧帽弁弁膜症 ……………………………………………………… 6
6. 拡張型心筋症 ……………………………………………………… 8
7. 不　整　脈 ………………………………………………………… 10
8. 心膜液貯留 ………………………………………………………… 12
9. 犬糸状虫症 ………………………………………………………… 14

## *Capter 2*　呼吸器系疾患 ……………………………（長江秀之）…17

10. 鼻腔腫瘍 …………………………………………………………… 18
11. 咽喉頭の閉塞性疾患 ……………………………………………… 19
12. 気管虚脱 …………………………………………………………… 20
13. 慢性気管支炎 ……………………………………………………… 21
14. 肺水腫 ……………………………………………………………… 23
15. 肺　　炎 …………………………………………………………… 24
16. 好酸球性（アレルギー性）肺炎 ………………………………… 25
17. 肺腫瘍 ……………………………………………………………… 26
18. 肺の外傷／挫傷 …………………………………………………… 27
19. 気　　胸 …………………………………………………………… 28
20. 胸　　水 …………………………………………………………… 29
21. 横隔膜ヘルニア …………………………………………………… 31
22. 縦隔洞気腫 ………………………………………………………… 32

## *Capter 3*　神経系疾患 ………………………………（諸角元二）…33

23. 痙攣発作 …………………………………………………………… 34
24. 水　頭　症 ………………………………………………………… 36
25. 脳腫瘍 ……………………………………………………………… 37
26. 転移性脳腫瘍 ……………………………………………………… 38
27. 前庭疾患 …………………………………………………………… 39
28. ホルネル症候群 …………………………………………………… 40

| | |
|---|---|
| 29. 脳　　　炎 | 41 |
| 30. 環軸椎亜脱臼 | 42 |
| 31. 変形性脊椎症 | 43 |
| 32. 椎間板脊椎炎 | 44 |
| 33. 椎間板ヘルニア | 45 |
| 34. 脊髄腫瘍 | 47 |
| 35. 重症筋無力症 | 48 |
| 36. 前肢または後肢の神経障害 | 49 |

## Capter 4　消化器系疾患 ……………………………（渡辺直之）…51

| | |
|---|---|
| 37. 口内炎, 舌炎, 歯肉炎, 咽頭炎, 扁桃炎 | 52 |
| 38. 口腔内腫瘍 | 53 |
| 39. 歯周疾患 | 54 |
| 40. 根尖膿瘍 | 55 |
| 41. 遺残乳歯 | 56 |
| 42. 唾液嚢腫（唾液腺嚢腫） | 57 |
| 43. 食　道　炎 | 58 |
| 44. 巨　大　食　道 | 59 |
| 45. 食道閉塞 | 61 |
| 46. 肥大性幽門狭窄 | 62 |
| 47. 急性 / 慢性胃炎 | 63 |
| 48. 胃　の　腫　瘍 | 65 |
| 49. 急性胃拡張 - 胃捻転 | 66 |
| 50. 小腸のウイルス感染 | 68 |
| 51. 小腸の原虫感染 | 69 |
| 52. 好酸球性腸炎 | 70 |
| 53. リンパ球プラズマ細胞性腸炎 | 71 |
| 54. 出血性胃腸炎 | 73 |
| 55. 消化不良 / 吸収不良 | 74 |
| 56. 寄生虫感染 | 75 |
| 57. 腸　閉　塞 | 76 |
| 58. 小腸の腫瘍 | 78 |
| 59. 急性（小腸性）下痢 | 80 |
| 60. 慢性（小腸性）下痢 | 81 |
| 61. 慢性炎症性大腸疾患 | 83 |
| 62. 大　腸　炎 | 84 |
| 63. 組織球性潰瘍性大腸炎 | 86 |
| 64. 巨　大　結　腸 | 87 |
| 65. 大腸の腫瘍 | 88 |

66. 門脈体循環シャント（PSS）……………………………… 89
67. 犬伝染性肝炎（ICH）…………………………………… 91
68. 胆管炎（胆管肝炎）……………………………………… 93
69. 胆　嚢　炎 ……………………………………………… 94
70. 胆石症（総胆管結石症を含む）………………………… 96
71. 慢性活動性肝炎（CAH）（炎症性肝疾患）…………… 97
72. 中毒性肝炎 ……………………………………………… 99
73. 肝　硬　変 ……………………………………………… 100
74. 肝　臓　腫　瘍 ………………………………………… 102
75. 急　性　膵　炎 ………………………………………… 104
76. 膵外分泌不全 …………………………………………… 106
77. 膵　臓　腫　瘍 ………………………………………… 107
78. 会陰ヘルニア …………………………………………… 109
79. 直　腸　脱 ……………………………………………… 110
80. 肛門嚢疾患 ……………………………………………… 111
81. 肛門周囲瘻 ……………………………………………… 112
82. 肛門周囲腺腫 …………………………………………… 114

## Capter 5　内分泌性疾患および代謝性疾患 ………（板倉裕明）…115

83. 尿　崩　症 ……………………………………………… 116
84. 甲状腺機能低下症 ……………………………………… 117
85. 上皮小体機能亢進症 …………………………………… 119
86. 糖　尿　病 ……………………………………………… 120
87. 副腎皮質機能亢進症 …………………………………… 122
88. 副腎皮質機能低下症 …………………………………… 124
89. 低　血　糖 ……………………………………………… 126

## Capter 6　泌尿器系疾患 ………………………………（高野徳孝）…127

90. 間質性腎炎 ……………………………………………… 128
91. 腎　盂　腎　炎 ………………………………………… 130
92. 腎　不　全 ……………………………………………… 131
93. 腎　結　石　症 ………………………………………… 133
94. 先天性尿管疾患 ………………………………………… 135
95. 膀　胱　炎 ……………………………………………… 136
96. 膀胱結石症 ……………………………………………… 138
97. 膀胱の腫瘍 ……………………………………………… 140
98. 膀胱の外傷 ……………………………………………… 142
99. 尿　道　閉　塞 ………………………………………… 144
100. 前立腺肥大症 …………………………………………… 146

101. 前立腺炎……………………………………………………148
102. 前立腺腫瘍…………………………………………………150

## *Capter 7* 生殖器系疾患………………………（高野徳孝）…153

103. 卵巣嚢胞……………………………………………………154
104. 卵巣腫瘍……………………………………………………155
105. 停留精巣……………………………………………………156
106. 精巣炎／精巣上体炎………………………………………158
107. 精巣腫瘍……………………………………………………159
108. 子宮蓄膿症…………………………………………………161
109. 子宮脱………………………………………………………163
110. 腟炎…………………………………………………………164
111. 腟肥厚および腟脱…………………………………………165
112. 腟腫瘍………………………………………………………167
113. 亀頭包皮炎…………………………………………………169
114. 可移植性性器腫瘍…………………………………………170
115. 偽妊娠………………………………………………………172
116. 乳腺炎………………………………………………………173
117. 乳腺腫瘍……………………………………………………174

## *Capter 8* 血液・リンパ系疾患……………………（柴内晶子）…177

118. 免疫介在性溶血性貧血……………………………………178
119. 溶血性貧血（寄生性貧血・中毒性貧血）………………180
120. 急性リンパ芽球性白血病…………………………………181
121. 急性骨髄性白血病…………………………………………182
122. 血小板減少症………………………………………………183
123. DIC（播種性血管内凝固）………………………………185
124. リンパ腫……………………………………………………186

## *Capter 9* 皮膚疾患………………………………（長江秀之）…189

125. イヌニキビダニ症（毛包虫症）…………………………190
126. 浅在性膿皮症………………………………………………192
127. アトピー性皮膚炎…………………………………………193
128. 皮膚糸状菌症………………………………………………195
129. 疥癬（イヌセンコウヒゼンダニ症）……………………197
130. 落葉状天疱瘡………………………………………………198
131. 円板状エリテマトーデス…………………………………200
132. マラセチア皮膚症…………………………………………202
133. ノミアレルギー性皮膚炎…………………………………204

## Capter 10　筋骨格系疾患 ……………………（長江秀之）…205

134. 膝蓋骨内方脱臼…………………………………………206
135. 股関節異形成……………………………………………208
136. レッグ・カルブ・ペルテス症…………………………210
137. 悪性骨腫瘍………………………………………………211

## Capter 11　耳の疾患 …………………………（柴内晶子）…213

138. 外　耳　炎………………………………………………214
139. 耳　血　腫………………………………………………215

## Capter 12　眼の疾患 …………………………（板倉裕明）…217

140. 角　膜　潰　瘍…………………………………………218
141. 乾性角結膜炎……………………………………………219
142. 白　内　障………………………………………………220
143. 緑　内　障………………………………………………222
144. 前部ブドウ膜炎…………………………………………223

## Capter 13　感　染　症 ………………………（仲庭茂樹）…225

145. 犬ジステンパー…………………………………………226
146. 犬伝染性肝炎……………………………………………228
147. 犬ヘルペスウイルス感染症……………………………229
148. 犬パルボウイルス感染症………………………………230
149. 犬コロナウイルス感染症………………………………232
150. カンピロバクター感染症………………………………233
151. レプトスピラ症…………………………………………234
152. 上部気道感染症群………………………………………236
153. バベシア症（ピロプラズマ症）………………………238
154. ジアルジア症……………………………………………239
155. コクシジウム症…………………………………………240

## Capter 14　外部環境による傷害 ……………（仲庭茂樹）…241

156. 熱　性　熱　傷…………………………………………242
157. 熱　中　症………………………………………………244

写真提供者一覧………………………………………………………247

索　　　引……………………………………………………………249

# *Capter 1*
# 循環器系疾患

# 1. 肺動脈弁狭窄症

**無徴候**
**運動不耐性**
**失神**
呼吸困難
腹部膨満
突然死

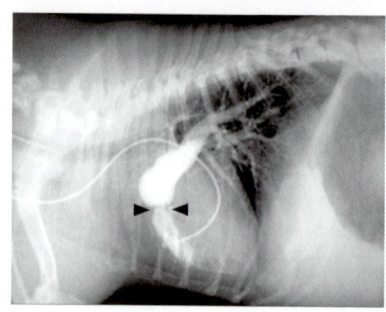

**肺動脈弁狭窄症の右心系心血管造影・側面像**．肺動脈弁部（矢頭間）が著しくくびれており，その直上には狭窄後部拡張が観察される．フレンチ・ブルドッグ/1歳/雄．

## *診断のポイント*

- チワワ，ビーグル，ミニチュア・シュナウザー，イングリッシュ・ブルドッグなどに好発する．約1,000頭に1頭の割合で発生するといわれている．
- 頚静脈拍動が認められるとともに，肺動脈弁領域で収縮期性雑音が聴取される．また，進行した症例では，三尖弁領域において全収縮期性雑音が聴取される．
- 心電図検査にて，深いS波を伴う右軸偏位が認められる．
- 胸部X線検査にて，右心室の拡大および主肺動脈の拡大が認められ，肺内動静脈は正常またはわずかに細くなっている．
- 超音波検査にて，主肺動脈の拡張，右心室壁の肥厚が認められる．また，肺動脈弁あるいは漏斗部に狭窄病変が確認される．重症例では右心房の拡張がみられることもある．なお，超音波ドプラ検査にて肺動脈血流速度が3.5m/sec以下ならば軽度，3.5〜4.5m/secならば中等度，4.5m/sec以上ならば重度に分類される．

## *確定診断*

- 心カテーテルを右心室に挿入して実施する造影X線検査が役立つ．

## *治療のポイント*

- うっ血性心不全に対する内科的対症療法．
- 外科的治療．

## 2. 心室中隔欠損症

無徴候
運動不耐性
発　咳
呼吸困難
失　神

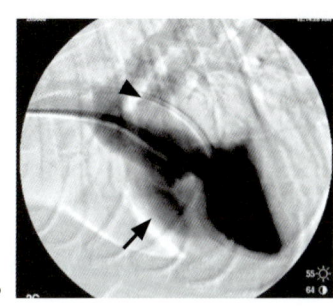

**心室中隔欠損症（膜性部）の左心系心血管造影・側面像．** 左心室内に注入した造影剤が，その直後に右心室（矢印）および肺動脈（矢頭）を描出していることから，心室中隔の欠損孔を介しての左‐右短絡の存在が示唆される．シェットランド・シープドッグ/5か月齢/雄．

### *診断のポイント*

- キースホンド，イングリッシュ・ブルドッグ，プードルなどに好発する．左心奇形の5〜10％を占める．
- 右側胸骨縁を最強点とする全収縮期性雑音が聴取される．また，肺動脈弁領域において駆出性雑音が聴取されることや，第2音が分裂していることなどがある．
- 心電図検査にて，高いR波を伴う左軸偏位，深いS波を伴う右軸偏位，幅広いQRS群（右脚ブロック型）などが認められることがある．
- 胸部X線検査にて，肺血管陰影の増強，左心房の拡大，左心室の拡大などが認められ，右心室の拡大を伴うこともある．
- 超音波検査にて，欠損孔の存在，左心房および左心室の拡張，肺動脈の拡張などが認められる．肺血管抵抗の増大に伴って右心室壁が肥厚するとともに，右心室圧の上昇により心室中隔は収縮期に左室方向に圧迫され扁平化する．超音波ドプラ検査により欠損部を通過する血液が確認される．

### *確定診断*

- 心カテーテル挿入による造影X線検査が必要である．

### *治療のポイント*

- うっ血性心不全に対する内科的対症療法．
- 外科的治療．

# 3. 動脈管開存症

```
無徴候
発　咳
運動不耐性
呼吸困難
発育不良
```

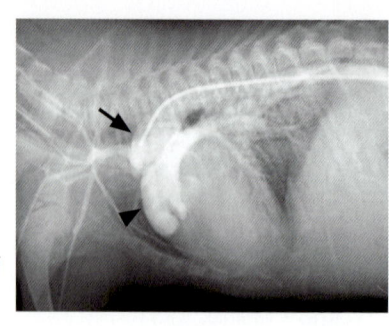

**動脈管開存症の心血管造影・側面像．** 大動脈内（矢印）に注入した造影剤によって主肺動脈（矢頭）および左右の肺動脈が描出されていることから，動脈管を介しての左 - 右短絡の存在が示唆される．シェットランド・シープドッグ/1歳/雌．

### *診断のポイント*

- 最も多くみられる先天性心疾患であり，プードル，コリー，ポメラニアン，ジャーマン・シェパード，シェットランド・シープドッグなどに好発する．雌犬での発生率が高い．
- 左側心底部領域において連続性雑音が聴取され，振戦を伴う．僧帽弁領域で全収縮期性雑音が聴取されることもある．股動脈において脈圧が大きくかつ脈波の立ち上がりと消失が速い反跳脈（水槌様脈）が触知される．
- 心電図検査にて，幅広いP波と高いR波が認められ，心房細動を伴うこともある．
- 胸部X線検査にて，左心房および左心室の拡大，大動脈弓の拡大と突出，主肺動脈の拡大，肺血管陰影の増強などが認められる．
- 超音波検査にて，左心房，左心室，下行大動脈および主肺動脈の拡張が認められ，動脈管の存在が確認できることもある．また，超音波ドプラ検査で動脈管を通過する短絡血流の描出も可能である．

### *確定診断*

- 上記所見によって診断できることが多いが，診断を確定するのに心カテーテル挿入による造影X線検査が必要な場合もある．

### *治療のポイント*

- 外科的治療．

# 4. 右大動脈弓遺残症

吐出
発育不良
吸引性肺炎に伴う徴候

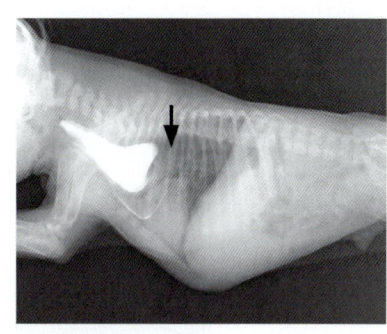

**右大動脈弓遺残の食道X線造影・側面像．** 心底部において右大動脈弓，肺動脈，動脈管索からなる血管輪によって絞扼（矢印の位置）された食道では，狭窄前部に著明な拡張が認められる．フレンチ・ブルドッグ/43日齢/雄．

### *診断のポイント*

- ジャーマン・シェパード，アイリッシュ・セター，ボストン・テリアなどに好発する．本症に特徴的な嚥下困難，未消化固形食の吐出などの症状は離乳期に発現することが多い．
- 頚部の触診にて，拡張した頚部食道を触知できることがある．発咳，肺の握雪音や発熱によって吸引性（誤嚥性）肺炎が示唆されることがある．
- 単純X線検査および食道バリウム造影検査にて，心底部より頭側に拡張した食道と心底部に存在する食道の狭窄部が描出される．また，吸引性（誤嚥性）肺炎を示す所見が認められることがある．

### *確定診断*

- 診断を確定するためには外科的探査が必要であるが，通常は上記所見によって診断可能である．また，先天性巨大食道症，食道憩室，食道内異物，食道狭窄などとの鑑別が重要である．

### *治療のポイント*

- 外科的治療．

# 5. 僧帽弁弁膜症

無徴候
発 咳
呼吸困難
運動不耐性
失 神
体重減少
腹部膨満

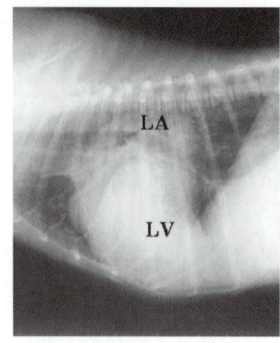
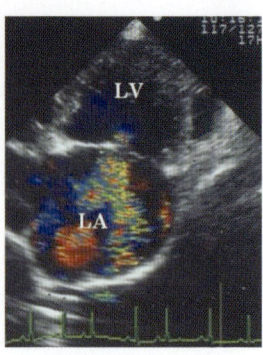

僧帽弁閉鎖不全の胸部X線・側面像（左）ならびにカラードプラ心エコー像（右）．X線像で左心房（LA）および左心室（LV）の著明な拡大が認められるとともに，カラードプラ心エコー像では収縮期に逆流ジェット（僧帽弁の位置に始まり左心房の背壁に衝突する）が観察される．雑種/10歳/雌．

## 診断のポイント

- マルチーズ，プードル，ポメラニアン，ヨークシャー・テリアなどの小型犬種に好発し，中年齢～高齢の犬に認められる．キャバリア・キング・チャールズ・スパニエルでは若齢での発生もみられる．
- 左側心尖部領域を最強点とする全収縮期性雑音が聴取される．収縮期性クリックを認めることもある．また，聴診によってギャロップ・リズム，不規則な心調律，肺の握雪音などが認められることがある．右心不全に陥っている症例では，身体検査にて腹水貯留や肝腫大を示唆する所見が認められる．
- 心電図検査にて，幅広く二峰性のP波，高いR波，幅広いQRS群，ST低下などが認められることがある．また，重症例には上室期外収縮，上室頻拍，心房細動などの不整脈が検出されることもある．
- 胸部X線検査にて，左心不全症例の場合には左心房の拡大，左心室の拡大，左主気管支の圧迫，肺静脈の拡大・明瞭化（うっ血），肺門部領域での肺野の陰影度増加（肺水腫）などが認められる．右心不全を伴う症例では右心房の拡大，右心室の拡大，後大静脈の拡大，肝腫大，胸水や腹水の貯留を示唆する所見なども観察される．
- 超音波検査にて，左心房および左心室腔の拡張，僧帽弁尖の肥厚，僧帽

弁の逸脱，腱索の断裂などが認められる．また，超音波ドプラ検査により左心房内への血液逆流を評価することができる．

### *確定診断*

- 収縮期における左心室から左心房内への血液逆流を証明するためには，超音波ドプラ検査や心カテーテル挿入による造影X線検査が必要であるが，通常は上記の所見をもとに診断することができる．また，呼吸器系疾患や他の心疾患を除外していくことも重要である．

### *治療のポイント*

- うっ血性心不全に対する内科的対症療法．

# 6. 拡張型心筋症

頻呼吸
運動不耐性
体重減少
失　神
腹部膨満
元気消失
食欲不振
発　咳
呼吸困難
虚　脱

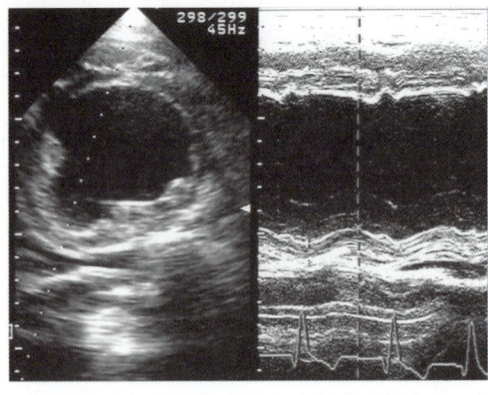

**拡張型心筋症のMモード心エコー図．**左心室（LV）の収縮末期径（5.7cm）および拡張末期径（6.6cm）が顕著に増加するとともに，左室内径短縮率は13.7％にまで低下している．ゴールデン・レトリーバー /8歳/ 雄．

## 診断のポイント

- ドーベルマン・ピンシャー，ボクサー，グレート・デーン，セント・バーナードなどの大型および超大型犬種の雄に多くみられ，好発年齢は4～10歳である．
- 聴診にて，ギャロップ・リズム（第3音），頻脈，心房細動による不規則な心調律，収縮期性雑音，肺の握雪音などが認められることがある．
- 身体検査にて，腹水貯留や肝腫大を示唆する所見が認められることがある．
- 心電図検査にて，幅広く高いP波，幅広いQRS群，高いR波，ST低下，心房細動，心室期外収縮，発作性心室頻拍などの不整脈が認められる．胸水や心膜液が貯留した場合には低電位になることがある．
- X線検査にて，顕著な心拡大，後大静脈の拡大，肺門部領域での肺野の陰影度増加（肺水腫），肝腫大などが認められ，胸水や腹水の貯留を示唆する所見も観察される．
- 超音波検査にて，顕著な心拡張，心室壁の菲薄化，左室内腔短縮率（左室収縮機能）の著しい低下などが認められる．また，超音波ドプラ検査により僧帽弁および三尖弁逆流が確認されることがある．

### 確定診断

- 上記所見から診断をある程度下すことは可能であるが,確定診断には心筋生検が必要である.

### 治療のポイント

- うっ血性心不全および不整脈に対する内科的対症療法.

# 7. 不整脈

```
無徴候
運動不耐性
失 神
元気消失
虚 脱
呼吸困難
突然死
```

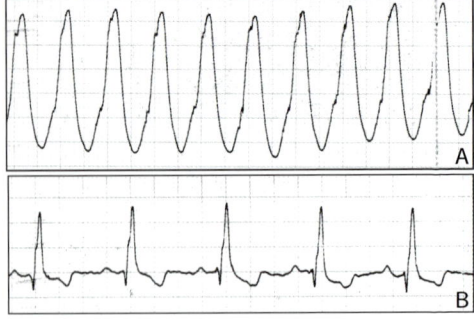

**不整脈源性右室心筋症罹患犬の心室頻拍発生時ならびに洞調律復帰時の心電図（50mm/sec；1mV/cm）.** 失神発作時に記録された心室拍動数 305 回 / 分の心室頻拍は（A），リドカインの静脈内投与により心拍数 156 回 / 分の洞調律に復帰した（B）．ボクサー /6 歳 / 雌．

### 診断のポイント

- 聴診と股動脈の触診にて，異常に少ない心拍数，異常に多い心拍数，不規則な調律，脈拍の欠如などが認められる．
- 一般に，徐脈は 60/ 分以下，頻脈は大型犬で 140/ 分以上，小型犬で 180/ 分以上が基準になる．
- 不整脈は通常の心電図検査によって確認することができるが，時に長時間心電図モニター法（ホルター心電図検査）が必要になることもある．
- 不整脈の原因は非常に多様であり，心臓自体の器質的障害（心疾患）に起因するものと，他の臓器・組織の疾患に随伴して生じるものとがある．その原因を究明して適切な治療を進めていくためには，心臓の各種検査はもとより，薬剤投与歴を含めた病歴の聴取，詳細な身体検査，CBC，血液化学検査，尿検査など，様々な補助的検査が必要となる．

### 確定診断

- 心電図検査により診断する．

### 治療のポイント

- 臨床症状を伴わない場合には無治療．

- 不整脈の原因に対する治療.
- 抗不整脈薬の投与.
- 人工ペースメーカーの埋め込み.
- 心臓マッサージ.
- 直流電気徐細動装置の応用.

# 8. 心膜液貯留

頻呼吸
運動不耐性
腹部膨満
元気消失
虚　弱
食欲不振
発　咳
呼吸困難
失　神
虚　脱

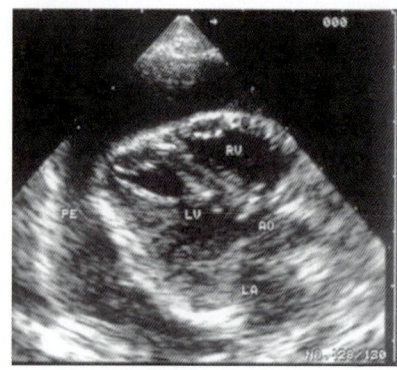

**特発性出血性心膜液貯留の断層心エコー図．**心臓と心膜との間（心膜腔）に液体貯留を示唆するエコーフリーないしは低エコー領域（PE）が描出されている．ゴールデン・レトリーバー /7 歳 / 雄．

## 診断のポイント

- 心膜液貯留の原因は，炎症性（感染性の心膜炎および心外膜炎）と非炎症性とに大別される．後者は毛細血管の透過性亢進，毛細血管圧の上昇（うっ血性心不全），血漿膠質浸透圧の低下（低蛋白血症）などに起因する．
- 聴診にて，頻拍と心音の減弱が認められる．身体検査にて，頻呼吸，頚静脈の怒張，股動脈圧の減弱，毛細血管再充盈時間の延長などが認められ，腹水の貯留を示唆する所見が得られることもある．
- 血液検査にて，PCV の低下，白血球増加症，低蛋白血症，肝酵素値の軽度上昇が認められることもある．
- 心電図検査にて，洞性頻脈が認められるほか，QRS 群の電位の低下，ST 上昇，電気的交互脈がみられることがある．
- X 線検査にて，球状の心陰影，後大静脈の拡大，肝腫大などが認められ，胸水や腹水の貯留を示唆する所見が得られることもある．
- 超音波検査にて，心膜液貯留部は心膜と心外膜との間のエコーフリー腔として描出される．心臓および心膜の腫瘍性病変が検出されることもある．
- 心膜穿刺と心膜気体造影 X 線検査が診断に役立つことがある．

### *確定診断*

- 心膜液貯留は超音波検査によって確認することができる．

### *治療のポイント*

- 心膜穿刺による貯留液の排除．
- 心膜液貯留の原因に対する治療．

# 9. 犬糸状虫症

**無徴候**
**発　咳**
**運動不耐性**
元気消失
食欲不振
悪液質
呼吸困難
失　神
虚　脱
体重減少
腹部膨満
褐色尿または
赤色尿
喀　血
鼻出血

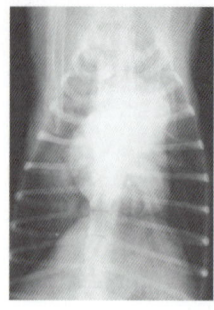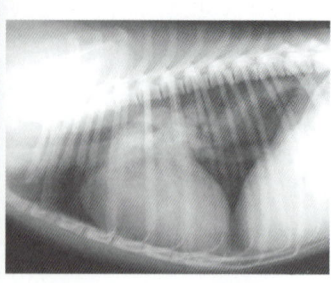

犬糸状虫症の胸部X線・背腹像（左）ならびに側面像（右）．右心室の拡大，主肺動脈の拡大・突出，左右肺動脈の拡張，肺内肺動脈枝の拡張・嚢状所見ならびに樹枝状構造の消失などが観察される．雑種/9歳/雄．

## 診断のポイント

- 犬糸状虫感染犬のほとんどは，予防薬を投与されていない．
- 身体検査にて，努力性呼吸，頚静脈の怒張，頚静脈拍動，肝腫大が認められ，腹水の貯留を示唆する所見が得られることがある．聴診にて，粗い肺音，三尖弁領域での収縮期性雑音，固定性第2音の分裂，心音の減弱などが認められることがある．
- CBCにて，好酸球増加症，好塩基球増加症，好中球増加症，PCVの低下，溶血，血小板減少症などが認められることがある．
- 血液化学検査にて，低アルブミン血症，高グロブリン血症，肝酵素値の上昇，BUNおよびクレアチニンの増加が認められることがある．
- 通常，ミクロフィラリア検査および免疫学的検査にて陽性所見が得られる．
- 尿検査にて，蛋白尿症と血色素尿症が認められることがある．
- 心電図検査にて，右軸偏位，深いS波，心房期外収縮，心房細動などの不整脈が認められることがある．
- X線検査にて，肺動脈の拡大，切り詰め，蛇行，逆D型の心陰影（右心および主肺動脈の拡大による），肺野の間質および肺胞パターン，後大静脈の拡大，肝腫大などが認められ，胸水や腹水の貯留を示唆する所見が得られることがある．

- 超音波検査にて，右心房および右心室の拡張が認められ，虫体を確認できることがある．

### *確定診断*

- 上記所見に基づいて診断を確定することができる．

### *治療のポイント*

- 適切な予防処置を実施することが重要である．
- 内科的または外科的処置による成虫の排除．
- うっ血性心不全，アレルギー性肺炎，肺動脈病変に対する内科的対症療法．

# Chapter 2
# 呼吸器系疾患

# 10. 鼻腔腫瘍

くしゃみ
鼻汁（粘液膿性, 出血性）
鼻梁の変形・腫脹
流涙
口臭
眼球突出

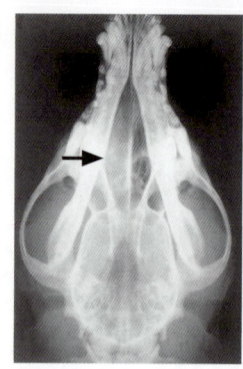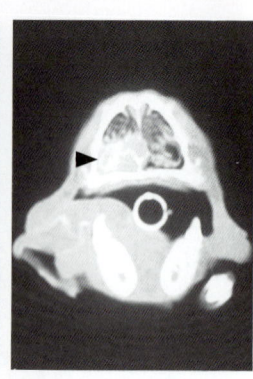

**鼻腺癌の頭部 X 線・背腹像（左）ならびに CT 画像（右）**. X 線像では左側鼻腔（矢印）の不透過性亢進が認められ, CT 画像で腫瘍組織（矢頭）が鼻中隔および甲介骨を融解しつつ増殖する像が観察される.

## 診断のポイント

- 良性腫瘍と悪性腫瘍とがあり, 悪性腫瘍には腺癌, 扁平上皮癌, リンパ腫, 線維肉腫, 軟骨肉腫, 骨肉腫などがある.
- 二次的に細菌感染を合併している場合が多い.
- X 線検査では初期の腫瘍は判定しづらい.

## 確定診断

- 鼻鏡検査, 画像診断（CT や MRI）, 細胞診などが診断の助けとなるが, 確定診断には深部生検材料の病理組織学的検査が必要となる.

## 治療のポイント

- 外科的切除.
- 放射線療法.
- 化学療法.
- 細菌感染の合併には抗生物質の投与.

# 11. 咽喉頭の閉塞性疾患

声の変化
喘　鳴
騒々しい呼吸音
嘔吐様の動作
努力性呼吸
嚥下障害
吸引性肺炎
窒　息
発　咳
チアノーゼ
失　神

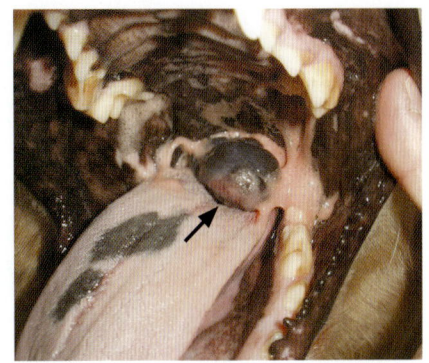

**咽喉頭部・悪性黒色腫の臨床像**．咽喉頭部に形成された拇指頭大の腫瘤（矢印）によって同部位が半閉塞をきたしている．ゴールデン・レトリーバー /8 歳 / 雌．

## 診断のポイント

- 症状は長期間にわたって持続し，進行する場合もある．また，換気不全に伴う体温上昇により熱中症になりやすい個体もいる．
- 先天性の咽頭麻痺はブービエ・デ・フランダースとシベリアン・ハスキーに多く，オーストラリアン・テリア，プードルでは腫大した固い喉頭蓋により閉塞をきたすことが多い．
- 短頭種，トイ種は咽頭虚脱や咽頭蓋脱に陥ることがある．
- 診断には聴診，触診，神経学的検査が必要である．

## 確定診断

- 浅麻酔下で咽喉頭を観察し，形態異常，変位，運動性等を確認する．
- X線検査により軟部組織腫脹，皮下気腫，虚脱などの異常所見を調べるとともに，病理組織学的検査を実施して腫瘍や異物を確認する．

## 治療のポイント

- 外科的処置 / 切除．
- 気管切開．
- 必要に応じてステロイドの使用．
- 悪性腫瘍に対しては化学療法や放射線療法．

# 12. 気管虚脱

喘鳴
発咳（慢性，乾性）
努力性呼吸
頻呼吸
呼吸困難
運動不耐性
チアノーゼ
失神

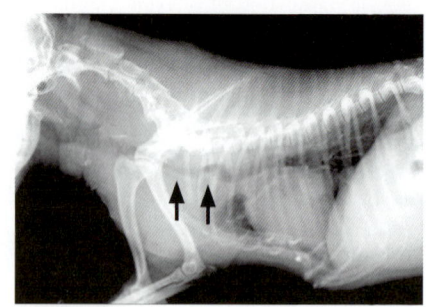

気管虚脱の胸部X線・側面像．著しく扁平化し弯曲した気管（矢印）が観察される．ポメラニアン/9歳/雌．

### 診断のポイント

- ミニチュア・プードル，ヨークシャー・テリア，チワワ，ポメラニアン，そのほかのトイおよび小型の犬種で，中年齢以降に多く発生する．
- 発咳は興奮や気管圧迫などによって誘発され，運動，飲水，採食，湿度などによって悪化することが多い．
- 肥満，肺の感染症，上部気道の閉塞は増悪因子となる．
- 肝腫大や肺性心を伴う場合もある．

### 確定診断

- 呼気時および吸気時の胸部ならびに頸部X線像にて，気管の外形（扁平化など）を評価する．
- 気管の動きをさらに詳しく調べるために，X線透視および気管支鏡検査も有用である．

### 治療のポイント

- 酸素吸入．
- 体重減量．
- 消炎剤．
- 運動や興奮の回避．
- 気管支拡張剤．
- 鎮咳剤．
- 鎮静剤．
- 外科的処置．

## 13. 慢性気管支炎

発咳（慢性，乾性）
喀　痰
チアノーゼ
呼吸困難
運動不耐性
失　神

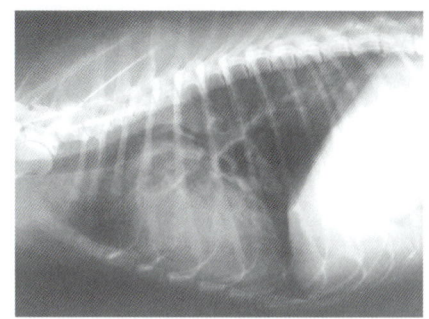

慢性気管支炎の胸部X線・側面像．気管支壁の肥厚ならびに気道に沿った間質陰影の増強が認められる．気管支壁の肥厚はレール様陰影あるいはドーナツ状陰影として観察される．

### 診断のポイント

- 腫瘍，うっ血性心不全などに起因しない慢性発咳が，数か月にわたって持続する．
- 原因は明確でない場合が多く，感染，異物吸入などの慢性刺激が原因となることが多い．
- 肥満，下部気道への細菌曝露につながるような歯牙疾患や喉頭疾患がリスクを増大させる．
- 喀痰を伴う頑固な発咳が認められる．
- 発咳は興奮や運動により増悪され，進行すると1日中続くようになる．
- 胸部X線検査では，気管支壁の肥厚，ドーナツサイン，レールロードサイン，間質パターンなどが認められる．
- 細菌性あるいは真菌性肺炎，気管支拡張症，犬糸状虫症，肺腫瘍，うっ血性心不全などとの鑑別が必要になる．

### 確定診断

- 胸部X線検査では，ドーナツ状陰影等の気管支パターンが主で，他に間質パターンもみられる．
- 気管支洗浄液を用いて細胞診を実施する．

- 気管支鏡による肉眼的評価が役立つ場合もある.

## *治療のポイント*

- 消炎剤.
- 気管支拡張剤.
- 細菌感染の合併には抗生物質の投与.
- 去痰剤.
- 鎮咳剤.

# 14. 肺水腫

発咳（湿性）  
呼吸促迫  
チアノーゼ  
呼吸困難  
開口呼吸  
起座呼吸  
運動不耐性  

苦悶  
ピンク色泡沫喀痰

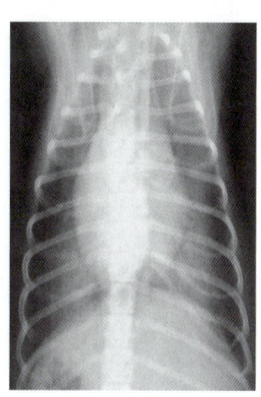

**肺水腫の胸部X線・背腹像.** 肺門部を中心に両肺野に広がる間質パターンが観察される.

### *診断のポイント*

- 肺水腫の原因により心原性と非心原性とに分類される.
- 肺水腫を引き起こす原因として，心不全，低蛋白血症，上部気道閉塞，感染，毒物摂取，DIC，ショック，敗血症，肺血栓塞栓症，煙や有毒ガスの吸入，誤嚥，溺水，膵炎，腫瘍，頭部外傷，てんかん発作，感電などがある.
- 聴診では，呼気時と吸気時に湿性捻髪音が広範囲に聴取される.
- 血液ガス分析，X線検査が診断に役立つ.

### *確定診断*

- 胸部X線検査において，程度により間質パターンから肺胞パターンまでを示す.
- 心原性の場合には，聴診，心電・心音図検査，超音波検査等により心臓の器質的および機能的障害を把握する.
- 非心原性の場合には，X線検査のほかに稟告，CBCおよび血液化学検査などからその原因を追求する.

### *治療のポイント*

- 酸素吸入.
- 利尿剤.
- 気管支拡張剤.
- 心機能の改善や基礎疾患の治療.

# 15. 肺　　炎

**発　熱**
**発咳（湿性）**
**呼吸促迫**
**チアノーゼ**
**呼吸困難**
運動不耐性
鼻　汁
脱　水
不　安
苦　悶
体重減少
食欲不振
倦　怠
沈うつ

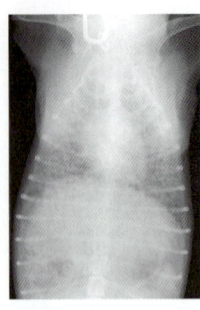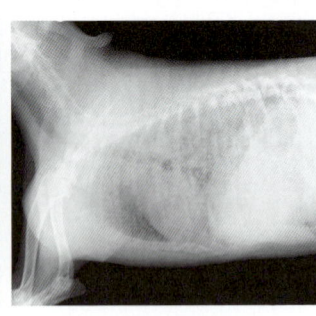

化膿性カタル性気管支肺炎の胸部X線像（左：背腹像，右：側面像）．全肺野にわたってび漫性に肺胞パターンが観察される．雑種犬/10歳/雄．

### 診断のポイント

- 肺炎は原因により細菌性，真菌性，ウイルス性，寄生虫性，アレルギー性，吸引性（誤嚥性）に分類される．
- 特に感染性の場合には，発熱や鼻汁の排出も認められる．
- ウイルス性については，ワクチン接種の有無を確認することも大切である．
- 吸引性（誤嚥性）の場合には，嘔吐の稟告や，巨大食道症，口蓋裂などの基礎疾患の有無を確認する．

### 確定診断

- 胸部X線検査では，肺の限局性ないしび漫性の陰影度増加を特徴とする肺胞パターンあるいは間質の陰影度増加を示す間質パターンが認められる．
- 気管支肺胞洗浄による細胞診や感染因子の分離・同定を行う．
- 肺の穿刺吸引細胞診が診断に役立つこともある．

### 治療のポイント

- 酸素吸入．
- 細菌に対する抗生物質の投与．
- 真菌に対する抗真菌剤の投与．
- 寄生虫に対する駆虫剤の投与．
- アレルギー性肺炎の場合は抗アレルギー剤の投与．

# 16. 好酸球性（アレルギー性）肺炎

発　咳
発　熱
努力性呼吸
運動不耐性
体重減少
食欲不振
沈うつ

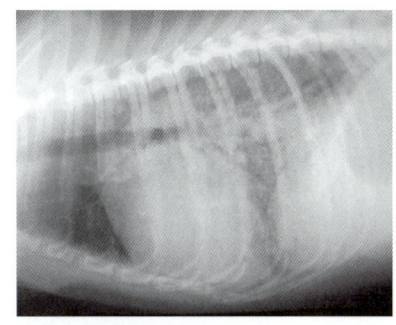

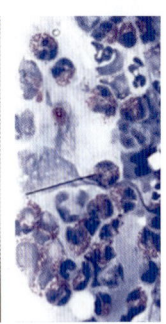

**好酸球性肺炎の胸部X線・側面像（左）および気管支肺胞洗浄液の細胞診（右）.** 肺野のほぼ全域にわたって混合パターンが観察される（左）. 気管支肺胞洗浄液中に多数の好酸球が認められる（右：ディフ・クイック染色・強拡大）. 雑種/5歳/雌.

### 診断のポイント

- 本症の原因となり得る抗原は多種多様であり，真菌および放線菌の胞子や菌糸，花粉や粉塵，ノミやダニ，犬糸状虫のミクロフィラリアなどがあげられているが，原因を特定できないことが多い.
- 犬糸状虫予防の不履行，埃っぽい環境やかびた場所での飼育はリスクを増大させる.
- CBCにおいて好酸球増加症がみられることがあるが，必発所見ではない.

### 確定診断

- 胸部X線検査では，間質パターン，肺胞パターン，気管支パターンあるいはそれらの混合パターンが認められるが，いずれも本症に特異的な所見ではない.
- 確定診断には気管，気管支あるいは気管支肺胞洗浄液を用いた細胞診を実施する.
- 気管支鏡検査，肺の穿刺吸引細胞診，皮内反応テストなどが診断に役立つこともある.

### 治療のポイント

- 原因の除去.
- コルチコステロイドの全身投与.

# 17. 肺腫瘍

体重減少（悪液質）
発 咳
運動不耐性
胸 水
チアノーゼ
呼吸困難
沈うつ
血痰（喀血）
食欲不振
頻呼吸

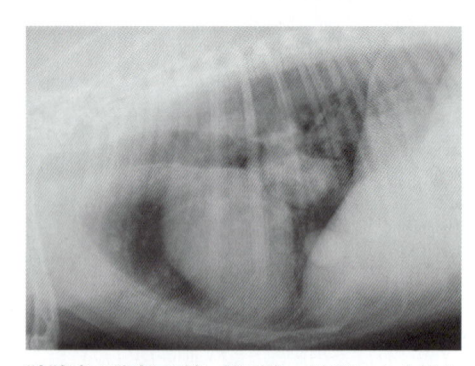

**肺腺癌の胸部X線・側面像．** 肺野に大小様々な腫瘤の形成が認められる．ゴールデン・レトリーバー/10歳/雄．

## 診断のポイント

- 原発性腫瘍と転移性腫瘍とに分けられる．肺腫瘍に占める原発性腫瘍の割合は低く，大部分は転移性腫瘍である．
- 原発性腫瘍の75％が腺癌であり，扁平上皮癌がこれに次ぐ．両者とも右後葉に単発性に発生することが多く，骨に転移しやすい．転移性腫瘍には乳腺癌，骨肉腫，悪性黒色腫，血管肉腫などが含まれる．
- 腫瘍の型，発生部位，発育段階，併発疾患などにより臨床症状が大きく異なり，二次的に肺性肥大性骨症がみられることがある．

## 確定診断

- 胸部X線検査により単発性あるいは多発性の限界明瞭な結節が認められる．
- CTまたはMRI検査や細胞診（経皮的肺穿刺吸引，気管支鏡による採材，胸水採取）が診断の助けになる．
- 確定診断を下すには開胸あるいはコア生検材料の病理組織学的検査を実施する．

## 治療のポイント

- 外科的切除．
- 化学療法．
- 放射線療法．

## 18. 肺の外傷 / 挫傷

| |
|---|
| 頻呼吸（進行性の息切れ）<br>喘　鳴<br>ショック<br>チアノーゼ<br>衰　弱<br>虚　脱<br>不　安<br>血　痰（喀血） |

### *診断のポイント*

- 交通事故，高所からの落下，大きな外力（蹴られたり）などの稟告に注意し，胸部および全身の身体検査を行う．
- 気胸，血胸，肋骨骨折，横隔膜ヘルニア，皮下気腫，ショックなどを合併している場合がある．
- 受傷後 24 時間以内に急変することが多いため，症状の急激な進行も補助的な診断に役立つ．
- 聴診では湿性，捻髪性の肺胞音が聴診され，胸部 X 線検査では通常，肺胞パターンを示す斑状領域が認められる．
- 気管支洗浄液中に過剰な数の赤血球とマクロファージを認めることがある．
- 気胸や縦隔洞気腫に注意する．

### *治療のポイント*

- 酸素吸入．
- 気胸や血胸が存在する場合にはドレーナージ等の外科的処置．
- 抗生物質の投与．
- 輸　血．

## 19. 気　　胸

頻呼吸
チアノーゼ
呼吸困難
頻　脈
低血圧
腹式呼吸

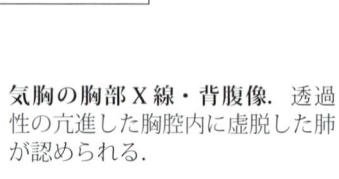

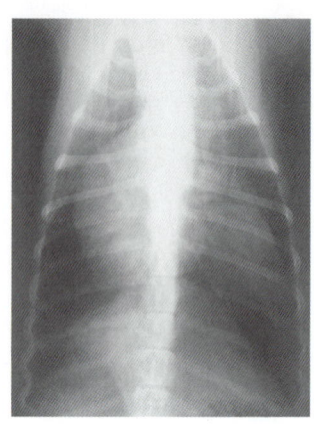

**気胸の胸部X線・背腹像．** 透過性の亢進した胸腔内に虚脱した肺が認められる．

### 診断のポイント

- 外傷性気胸の場合には，咬傷，刺傷，銃傷，交通事故など，最近の外傷歴の有無が診断のポイントとなる．また，食道や気管の破裂・穿孔に起因する縦隔洞気腫，胸腔穿刺術・開胸術の失宜や過度の陽圧呼吸（医原性）が原因となることもある．
- 自然気胸の場合には，肺疾患（肺炎，肺膿瘍，肺腫瘍，肺囊胞，犬糸状虫症など）の有無や既往に十分な注意を払う必要がある．
- 肋骨骨折，胸骨骨折，皮下気腫を合併している場合がある．
- 胸部聴診にて心音および肺胞音の減弱・消失，胸部打診にて鼓音が認められる．

### 確定診断

- 胸部X線検査にて，挙上して胸骨から分離した肺陰影，肺葉の退縮・拡張不全，正常肺領域の肺血管の欠損等が認められる．

### 治療のポイント

- 酸素吸入．
- 胸腔穿刺による脱気．
- 持続する場合には胸腔ドレナージや外科的処置．
- 細胞感染が疑われる症例に対する抗生物質の投与．

## 20. 胸　　　水

**呼吸速拍**
**呼吸困難**
頻呼吸
チアノーゼ

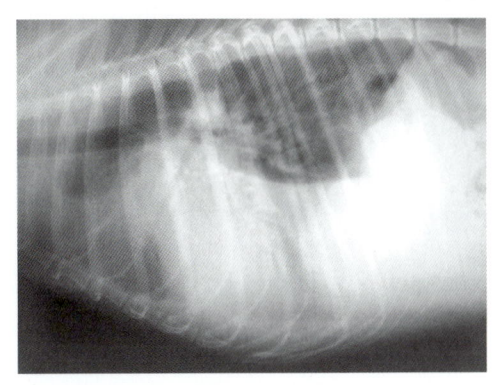

**胸水の胸部X線・側面像.** 胸腔内がすりガラス状を呈しており, 肺の背方変位ならびに虚脱, 心陰影の不明瞭化が認められる.

### 診断のポイント

- 胸水を伴う疾患として, うっ血性心不全, 胸腔内腫瘍, 感染症（細菌およびウイルス）, 自己免疫性疾患, 膵炎, 胸部外科手術, 食道破裂, 糸球体腎炎, 肺葉捻転, 外傷性横隔膜ヘルニア, 血液凝固障害などがある.
- 胸水は漏出液, 変性漏出液, 滲出液（化膿性/非化膿性）に分類され, 特殊な場合として乳び性や出血性がある.
- 一般に, 胸水の比重が 1.017 以下の場合は漏出液, 1.017 〜 1.025 の場合は変性漏出液, 1.025 以上で蛋白濃度が 3.0g/dl 以上の場合は滲出液である.
- 胸水中に癌細胞がみられる場合は癌性胸膜炎, 悪臭があり中毒性好中球, 変性好中球, 細菌がみられる場合は膿胸を示唆する. 膿胸の場合は必ず細菌培養を行う. また, 乳びの場合はエーテルと混和すると透明になる.

### 確定診断

- 胸部X線検査における心陰影の不明瞭化・消失, 肺葉間裂の出現.
- 乳び胸の診断には, 胸水と血清の中性脂肪ならびに総コレステロール値の比較.
- 胸腔穿刺による貯留液の採取と分析（pH, 比重, 蛋白濃度, PCV, 全血球数, 細菌培養, 細胞診, 必要ならウイルス抗体価）.

## *治療のポイント*

- 酸素吸入.
- 基礎疾患に対する治療.
- 胸腔穿刺.
- 継続的な胸水の貯留に対してドレナージ,開胸手術,胸膜癒着術.

## 21. 横隔膜ヘルニア

開口呼吸
腹式呼吸
呼吸困難
頻呼吸
チアノーゼ
腹部の縮小
食欲不振

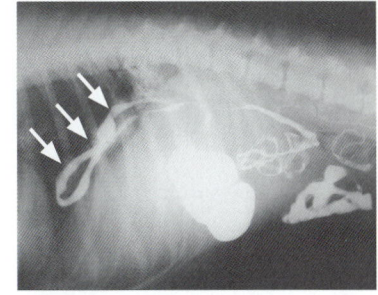

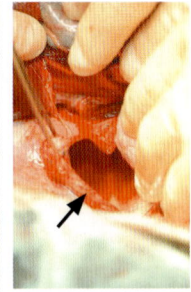

横隔膜ヘルニアの消化管造影X線・側面像（左）およびヘルニア孔の臨床像（右）．X線像で胸腔内に脱出している小腸（矢印）が描出され，手術時に横隔膜の背側寄りに形成されているヘルニア孔（矢印）が確認された．ラブラドール・レトリーバー /5歳/雄．

### 診断のポイント

- 先天性の場合には症状を示さないこともある．
- 後天性（外傷性）の場合には交通事故，打撲，高所からの落下などの稟告聴取が診断のポイントとなる．
- 症状は，裂傷の大きさと陥入した臓器の種類・程度により異なる．
- 胸部聴診にて心音および肺胞音の減弱・消失が認められる．また，腸管が胸腔内嵌入している場合には腸蠕動音が聴取されることがある．

### 確定診断

- X線検査にて，横隔膜陰影の不明瞭化あるいは欠損，胸腔内液体貯留，胸腔内ガス陰影，胸腔内臓器の頭側への変位または位置異常，肺の退縮像などが認められる．
- 単純X線検査で確定診断が得られない場合には，胸水の除去，消化管造影，気腹造影を行う．

### 治療のポイント

- 外科的処置．
- 酸素吸入．

## 22. 縦隔洞気腫

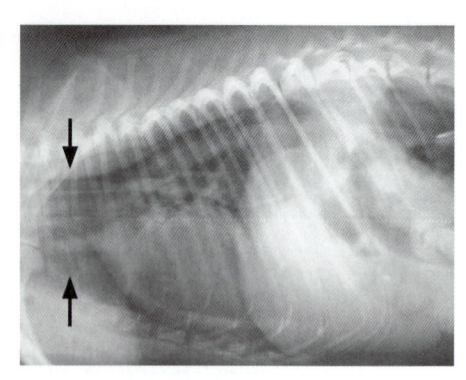

呼吸困難
呼吸促迫
皮下気腫
食欲不振
吐出
嚥下困難
流涎
チアノーゼ
沈うつ

**縦隔洞気腫の胸部X線・側面像.** 空気の存在により食道や前大静脈などの縦隔洞内の構造物（矢印間）が比較的明瞭に確認される.

### 診断のポイント

- 基礎疾患,縦隔洞内の含気量,合併症などにより臨床症状は大きく異なるが,無症状の場合も多い.
- しばしば頚部および胸部の皮下気腫,気胸,後腹膜腔気腫を合併しており,運動時や触診時に捻髪音が聴かれることがある.
- 原因が様々であるため,病歴の聴取と身体検査が大切である.
- 医原性であることもあるため,治療歴,手術歴についても調べる.
- 食道内異物が原因である場合,X線検査で異物が確認できることがある.
- 気管あるいは気管支の破裂や穿孔が原因として疑われる場合には,気管・気管支造影法および気管・気管支鏡検査法が病変部位を特定するのに役立つ.

### 確定診断

- 胸部X線検査にて,縦隔内構造物（食道,前大静脈,奇静脈,気管外壁,下行大動脈など）の輪郭の明瞭化,二次的に気胸が存在する場合は心臓の挙上が認められる.

### 治療のポイント

- 合併症がない場合には治療の必要はほとんどない.
- 合併症に対しては外科的処置,酸素吸入,胸腔穿刺,抗生物質の投与を行う.

# Capter 3
# 神経系疾患

# 23. 痙攣発作

**強直間代性痙攣発作**
**意識の喪失**
異常運動
流涎
排尿・排便など

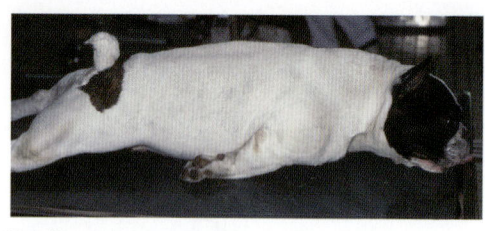

**特発性てんかんの臨床像**．2歳のフレンチ・ブルドッグが診察台の上で強直性痙攣を呈している．

## 診断のポイント

**分 類**

a. 特発性てんかん
- 真性てんかん，遺伝性てんかん

b. 症候性てんかん（大脳の器質的異常）
- 後天性てんかん（過去の頭部外傷や脳炎による障害）
- 奇形性疾患（先天性水頭症，クモ膜嚢胞など）
- 外傷性疾患（硬膜外血腫など）
- 炎症性疾患（犬ジステンパー脳炎，壊死性髄膜脳炎，肉芽腫性髄膜脳炎など）
- 腫瘍性疾患（原発性または転移性脳腫瘍）

c. 頭蓋外疾患
- 代謝性疾患（肝性脳症，低カルシウム血症など）
- 中毒性疾患（有機リン剤中毒，鉛中毒など）

- 特発性てんかんは犬によくみられ，最初の発作は3歳未満で起こることが多い．好発犬種はプードル，ビーグル，シベリアン・ハスキーなどであるが，すべての犬種に発生する可能性がある．
- 1歳未満では脳炎，水頭症など，1〜5歳では特発性てんかん，5歳以上では症候性てんかんによる痙攣発作である場合が多い．
- 問診により急性または慢性，非進行性または進行性に経過を分類する．
- 甚急性，進行性，持続性であれば有機リン剤中毒，低カルシウム血症，硬膜外血腫などの可能性が示唆される．
- 急性または慢性，進行性であれば犬ジステンパー脳炎，壊死性髄膜脳炎，

肉芽腫性髄膜脳炎，脳腫瘍などの可能性が示唆される．
- 神経学的検査で異常が認められる症例は，症候性てんかんの可能性が高い．

## 確定診断

- 臨床病理学的検査所見，MRIまたはCT検査による画像所見，CSF検査所見などから総合的に診断する．

## 治療のポイント

- 発作を引き起こす基礎疾患の診断が可能であれば，その治療．
- 抗てんかん剤による発作のコントロール．

## 24. 水頭症

不活発
遅鈍
行動異常
運動失調
歩行障害
嗜眠
発作
視力障害

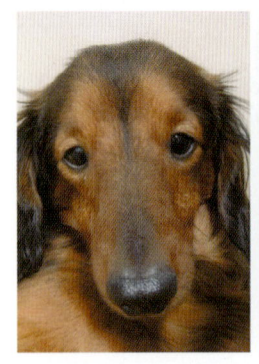

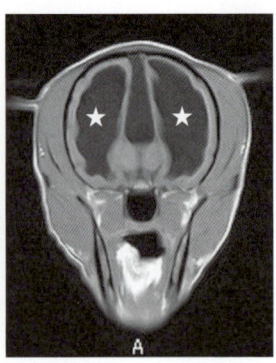

水頭症の頭部外観（左）および MRI 画像（右）．頭蓋冠にごく軽度の拡大がみられ（左），MRI 検査で脳室（星印）の顕著な拡張が認められる（右）．ミニチュア・ダックスフンド /5 か月齢 / 雄．

### *診断のポイント*

- 水頭症は脳室が異常に拡張している状態であり，先天性と後天性に分類される．犬では先天性のものが多い．
- 好発犬種はチワワ，ポメラニアンのような短頭種であるが，すべての犬種に発生する可能性がある．キャバリア・キング・チャールズ・スパニエルやダックスフンドでは脊髄空洞症やキアリ奇形を合併していることが多い．
- 行動上の異常は生後 1 〜 6 か月の間にみられることが多い．
- 脳室内に過剰貯留した CSF の圧迫部位によって，様々な神経障害が発現する．
- 泉門の開存状態で水頭症かどうかを判断してはいけない．
- 脳波検査では高振幅の徐波が認められる．

### *確定診断*

- 超音波検査，MRI または CT 検査で拡大した脳室を直接確認する．

### *治療のポイント*

- 脳圧降下剤，ステロイド剤の投与．
- 脳室 - 腹腔または脳室 - 頸静脈シャント手術．

## 25. 脳 腫 瘍

不活発
遅 鈍
行動異常
運動失調
旋回歩行
全身性痙攣発作
視力障害
脳神経障害

髄膜腫の頭部MRI・T2強調画像（背断面）．左側の前頭部に高信号を示す腫瘤（矢印）が形成されており，側脳室（星印）の圧迫・変形を伴っている．アイリッシュ・セター/4歳．

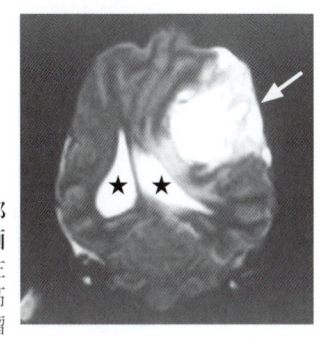

### 診断のポイント

- 発生率は低いが，すべての犬種に発生する可能性がある．
- 5歳以上で発生することが多い．
- 脳実質から発生する腫瘍は神経膠細胞由来のものがほとんどであり，星状膠細胞腫，奇突起膠細胞腫などがある．
- 脳実質以外から発生する腫瘍には，髄膜腫，下垂体腺腫，脈絡叢腫瘍，神経鞘腫瘍などがある．
- 通常，前脳，小脳，脳幹などに限局した臨床徴候を示す．
- 詳細な神経学的検査により，病変部位を推測することは重要である．
- CSF検査では，蛋白量の増加，総細胞数の増加，パンディテストの陽性所見などが認められることが多い．

### 確定診断

- MRIまたはCT検査による画像所見をもとに仮診断し，生検または摘出手術によって確定診断する．

### 治療のポイント

- 脳圧降下剤，利尿剤，ステロイド剤，抗てんかん剤などの投与による保存療法．
- 外科的摘出と病理組織学的検査．
- 放射線療法．

## 26. 転移性脳腫瘍

全身性痙攣発作
不活発
行動異常
脳神経障害

**転移性脳腫瘍の造影CT画像（冠状断）**．全身性痙攣発作を呈した乳腺癌罹患犬において，頭頂葉の大脳皮質に転移病巣とみなされる腫瘍陰影（矢印）が認められる．

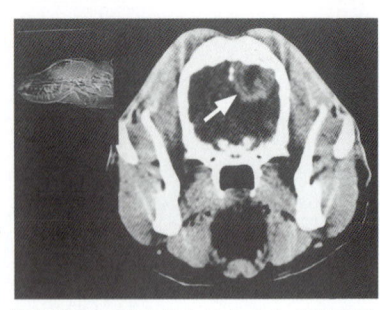

### 診断のポイント

- 様々な悪性腫瘍症例に発生する．
- 脳転移の発生頻度が比較的高い悪性腫瘍としては腺癌，リンパ腫，血管肉腫，悪性黒色腫などがあげられる．
- 脳転移の多くは血行性であり，大脳皮質に転移することが多い．
- 悪性腫瘍罹患動物に全身性痙攣発作や様々な脳神経機能異常がみられたら，まず血液検査を行い腎不全，肝不全，そのほかの代謝性疾患を鑑別すべきであり，これらの検査で異常が認められない場合に脳転移を疑う．
- 脳転移は全身転移の1つであることから，胸部X線検査を行い肺転移の有無を確認する．
- 詳細な神経学的検査を行い病変部位を推測することは重要であるが，多発性転移例では病変部位の特定は困難である．

### 確定診断

- 原発腫瘍を確認するとともに，頭部MRIまたはCT検査により転移病巣をチェックする．

### 治療のポイント

- 原発性脳腫瘍に対する治療と同様の保存療法．
- 悪性腫瘍の脳転移は予後不良であり，診断が確定した場合には飼い主と安楽死の実施について検討することも必要である．

# 27. 前庭疾患

捻転斜頸
眼　振
身体の傾斜
体位性斜視
聴覚障害
歩行障害

**前庭疾患の臨床像.** 起立あるいは倒立させると，左右の伸筋と屈筋のアンバランスが強調される．

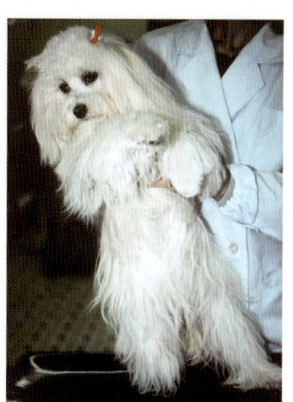

## 診断のポイント

- 前庭系は内耳に位置する末梢成分と脳幹および小脳に存在する中枢成分からなる．
- 末梢性前庭疾患は先天性と後天性とに分類されるが，犬では後天性，感染性のものが多い．年齢，犬種，性別に関係なく発生する．
- 片側性末梢性前庭疾患の臨床症状は，捻転斜頸，運動失調，水平性または回転性眼振，ホルネル症候群などである．
- 垂直眼振がみられたときには中枢性前庭疾患と考える．

## 確定診断

- 重度な外耳炎が存在している場合，あるいはX線検査で鼓室胞の異常を確認することが可能な場合を除くと，実際に中耳炎・内耳炎を診断することは困難であり，身体検査，神経学的検査，臨床経過などをもとに診断する．
- MRIまたはCT検査は有用である．

## 治療のポイント

- 感染性の中耳炎・内耳炎が示唆された場合には抗生物質療法．
- 高齢犬の特発性前庭疾患ではステロイド療法．

## 28. ホルネル症候群

瞳孔左右不同
縮　瞳
眼瞼下垂
眼球陥凹と瞬膜の露出

**ホルネル症候群の臨床像.** 中耳炎および内耳炎により，前庭障害に加えて眼瞼下垂，眼球陥凹，瞬膜露出など本症候群に特徴的な症状を呈している.

### 診断のポイント

- ホルネル症候群は，視床下部から頸部脊髄，頸部交感神経管，前頸神経節，中耳腔を経由し瞳孔に至る交感神経路のいずれの部位に病変が存在していても発生し得る.
- すべての犬種に発生する可能性がある.
- 臨床症状は特徴的であり，瞳孔左右不同，患側の縮瞳，眼瞼下垂，眼球陥凹，瞬膜の露出などである.
- ホルネル症候群の約50％は特発性であり，治療に反応しない.

### 確定診断

- 薬理学的鑑別は2.5％フェニレフリンの点眼により行う.
- 散瞳しない場合には節前性病変が示唆される.
- 散瞳した場合には節後性病変が示唆される.
- 節前性病変が示唆されたときには，胸部X線検査，頸部のMRI検査を行う.

### 治療のポイント

- 感染性の中耳炎・内耳炎が示唆された場合には抗生物質療法.

# 29. 脳　　炎

発　作
意識レベル低下
不全片麻痺
旋回歩行

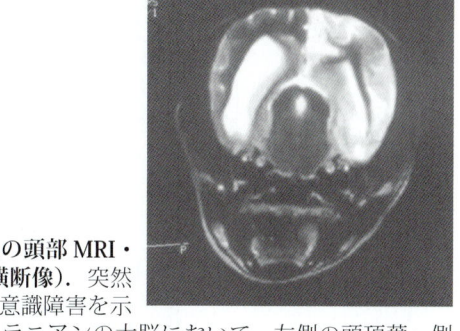

**壊死性髄膜脳炎の頭部MRI・T2強調画像（横断像）．** 突然の痙攣発作後に意識障害を示した3歳のポメラニアンの大脳において，左側の頭頂葉〜側頭葉にかけて高信号領域が認められる．

## 診断のポイント

- 壊死性髄膜脳炎の好発犬種はパグ，マルチーズ，ポメラニアン，チワワ，ヨークシャー・テリアなどであるが，肉芽腫性髄膜脳炎，ウイルス性脳炎はすべての犬種に発生する可能性がある．
- ウイルス性脳炎の最も一般的な原因は犬ジステンパーウイルス感染である．
- 神経学的検査による異常所見は，炎症が主座する部位によって異なる．
- CSF検査は有用である．壊死性髄膜脳炎および肉芽腫性髄膜脳炎では，CSF検査で蛋白量の増加，パンディテスト陽性，細胞数の増加などがみられる．

## 確定診断

- MRI検査．
- CSF検査およびCSF中の犬ジステンパーウイルスの抗体価．

## 治療のポイント

- 壊死性髄膜脳炎ではステロイド剤および抗てんかん剤の投与．
- 犬ジステンパー脳炎ではインターフェロン投与などの支持療法．

# 30. 環軸椎亜脱臼

頚部の疼痛
四肢不全麻痺
後肢の不全麻痺

**環軸椎亜脱臼の頚部X線・側面像．**背側環軸靱帯の断裂により環椎背弓と軸椎背部が離開している．チン/2歳/雌．

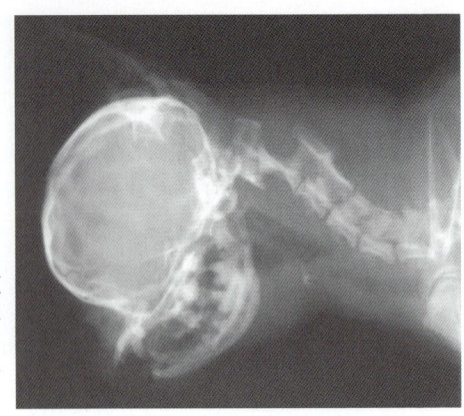

## *診断のポイント*

- 若齢の小型犬種に多く発生する．先天性のものはトイ種（チワワ，ポメラニアン，ペキニーズ，トイ・プードル）によくみられる．
- 歯突起の形成異常（欠損，奇形，骨化不全），外傷，環軸関節の不十分な靱帯支持などが原因となる．
- 突然発症することが多い．
- 頚部の疼痛とともに前肢，後肢や四肢に様々な程度の運動失調や不全麻痺がみられる．
- 脊髄に重度の圧迫が加わると呼吸不全に陥り，死の転帰を取ることもある．

## *確定診断*

- X線検査にて環椎背弓と軸椎背部との間の離開，歯突起の欠損や形成不全，歯突起の骨折などを確認する．

## *治療のポイント*

- 頚部の外固定とケージレスト．
- ステロイド剤の投与．
- 麻痺や重度の疼痛を伴うものに対しては外科的治療（環軸椎固定術）．

# 31. 変形性脊椎症

通常は無症状

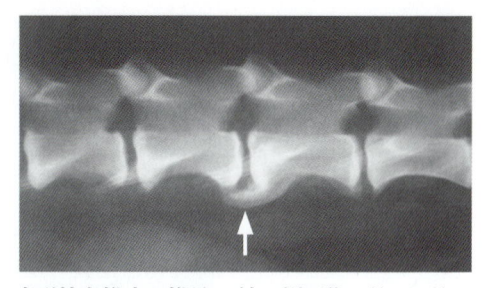

**変形性脊椎症の椎骨X線・側面像．** 第4‐第5腰椎間の椎体・腹側に骨の増殖性変化に伴う明瞭な架橋形成（矢印）が認められる．

## 診断のポイント

- すべての犬種に発生する可能性がある．
- 変形性脊椎症は，特に脊椎の腹側と腹外側の骨増生を特徴とする非炎症性，慢性進行性の変性性疾患であり，高齢犬によくみられる．
- 加齢に伴って線維輪が腹側に動揺するため，腹側縦靱帯付着部が牽引されて骨増生が起こる．
- 一般に神経学的障害は認められないが，時に運動後の跛行や腰部の疼痛を伴うことがある．
- X線側面像では，椎間腔の腹側面に増生骨の架橋が認められるが，椎間板脊椎炎とは異なり椎間腔があまり狭小化することはなく，椎骨終板の硬化像も認められない．
- 高齢犬のL7-S1に発生した変形性脊椎症は，脊柱管狭窄を引き起こす可能性がある．

## 確定診断

- 確定診断はX線検査所見による．

## 治療のポイント

- 疼痛を示すものに対しては非ステロイド系抗炎症剤やビタミン剤の投与．

## 32. 椎間板脊椎炎

**原因不明の疼痛**
**患部の疼痛**
後肢の不全麻痺
元気消失
食欲不振

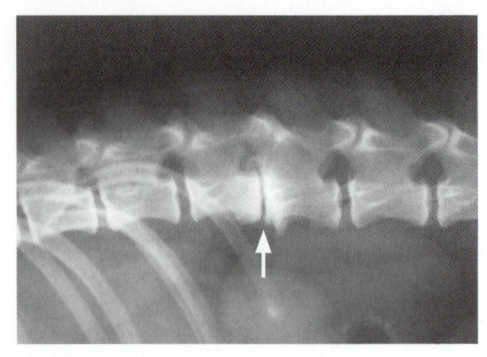

**椎間板脊椎炎の椎骨X線・側面像.** 第2‐第3腰椎間に椎間腔の狭小化と椎骨終板の硬化像（矢印）が認められる.

### 診断のポイント

- 椎間板脊椎炎とは，椎間板およびそれに隣接した椎体に生じる急性または慢性進行性の炎症性疾患である．原因は，身体の別の部位に生じた感染巣由来の細菌の血行性感染と考えられている．
- 犬種および年齢に関係なく，すべての犬に発生する可能性がある．
- 感染性疾患であるにもかかわらず，臨床病理学的検査で細菌感染を示唆する所見が得られることは少ない．
- 尿や血液の好気性/嫌気性細菌培養検査が有効なことがある．また，*Brucella canis* に対する血清学的検査も行うとよい．

### 確定診断

- 脊椎の単純X線検査で椎間腔の狭小化と椎骨終板の硬化像を確認する．
- 血液と尿の細菌培養検査．

### 治療のポイント

- 血液と尿の培養検査所見に基づいた抗生物質の長期投与．

## 33. 椎間板ヘルニア

疼痛
単肢の不全麻痺
不全対麻痺
対麻痺
四肢不全麻痺
四肢麻痺
排尿障害

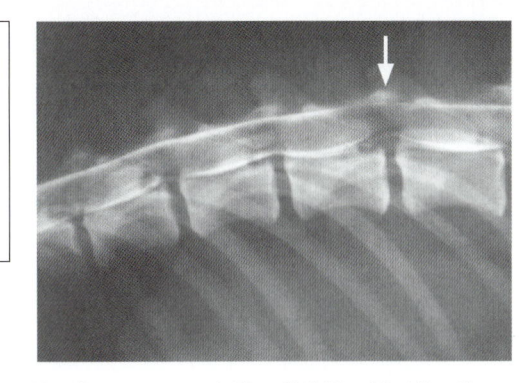

**椎間板ヘルニアの脊髄X線造影・側面像.** 第13胸椎 - 第1腰椎間に造影剤欠損像（矢印）が認められる.

### 診断のポイント

- 椎間板ヘルニアは，ダックスフンド，ビーグル，ペキニーズなどの軟骨異栄養性犬種に好発するが，加齢に伴ってすべての犬種に発生し得る.
- 発生は頸部よりも胸腰部に多い.
- 臨床症状は解剖学的位置，発症からの経過日数，脊髄圧迫の程度などにより異なる.
- 胸腰部椎間板ヘルニアの一般的な臨床症状は，背部の疼痛，跛行，不全麻痺，麻痺，排尿障害などである.
- 胸腰部椎間板ヘルニアでは，神経学的検査により重症度を以下のように分類する.
  グレードⅠ：歩行可能，背部の疼痛のみ.
  グレードⅡ：歩行可能，不全麻痺.
  グレードⅢ：歩行不能，対麻痺，随意排尿可能.
  グレードⅣ：歩行不能，対麻痺，随意排尿不可能.
  グレードⅤ：歩行不能，対麻痺，随意排尿不可能．深部痛覚消失.

### 確定診断

- 脊髄造影検査では，脊髄が左右どちらから圧迫を受けているのかを判断するために，腹背像および斜位像も撮影する．
- MRI または CT 検査による画像診断．

### 治療のポイント

- グレード Ⅰ～Ⅲ：ステロイドによる内科療法．
- グレード Ⅲ～Ⅴ：片側椎弓切除術，背側椎弓切除術などの外科療法．

## 34. 脊髄腫瘍

後肢の不全麻痺
後肢の麻痺
四肢不全麻痺
四肢麻痺
疼痛

**悪性神経鞘腫の脊髄X線造影・側面像.** 両後肢の不全麻痺を呈した症例で，脊髄を押し上げるように増殖した腫瘤状病変（矢印）が描出されている.

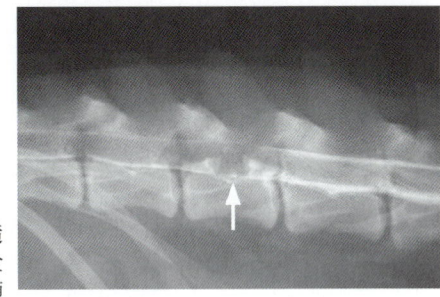

### 診断のポイント

- 発生率は低いが，すべての犬・猫に発生する可能性がある.
- 骨肉腫，骨軟骨腫，血管肉腫，髄膜腫，神経鞘腫，神経膠腫，リンパ腫，骨髄腫などが発生する.
- 臨床症状は発生部位により異なるが，椎間板ヘルニアに類似している.
- 経過はすべて慢性進行性である.
- 脊髄腫瘍はその発生部位によって，硬膜外，硬膜内で髄外および髄内の3つに分類される．硬膜外腫瘍には，悪性腫瘍の骨転移，リンパ腫などがある．硬膜内髄外腫瘍には，神経鞘腫，髄膜腫などがある．硬膜内髄内腫瘍の発生はまれであり，ほとんどが神経膠細胞の腫瘍である.
- 神経学的検査により病変部位を推定する.
- 脊髄造影検査で腫瘍の位置による分類をすることは，治療を考える上で重要であるが，分類不可能なものもある.
- 硬膜外腫瘍症例の脳脊髄検査結果は正常である.

### 確定診断

- 確定診断は，脊髄造影像または脊髄のMRI，画像診断，CSF検査所見などにより総合的に行う.

### 治療のポイント

- 腫瘍の摘出が可能な症例には外科療法.
- リンパ腫症例では手術後に化学療法.
- 予後不良症例に対してはステロイド療法.

## 35. 重症筋無力症

**筋力低下**
**易疲労性**
**頭部の下垂**
四肢筋の振戦
虚　脱
嚥下障害
発声障害
食道拡張による吐出
吸引性（誤嚥性）肺炎

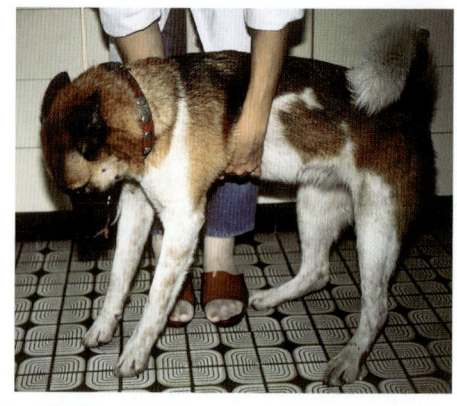

**重症筋無力症の臨床像．** 筋力低下により頭部は下垂し自力での起立は困難である．この症状は短時間作用性アセチルコリン・エステラーゼ阻害剤の投与により劇的に回復した．

### 診断のポイント

- 重症筋無力症（MG）には先天性と後天性とがある．先天性MGでは生まれつきAChRの数が少なく，後天性MGでは血清中の抗AChR抗体によりAChR数の減少が生じる．その結果，両者ともに神経筋伝達が阻害される．
- 先天性MGはジャック・ラッセル・テリア，スプリンガー・スパニエル，フォックス・テリアなどにみられるが，後天性MGはすべての犬種に発生する可能性がある．
- この筋力低下症状は，塩化エドロフォニウムの静脈内投与（犬では0.1～0.2mg/kg，猫では2.5mg/head）により急速に改善される．

### 確定診断

- 筋電図による神経反復刺激試験で誘発電位の低下現象を確認する．
- 血清中の抗AChR抗体を検出する．

## 36. 前肢または後肢の神経障害

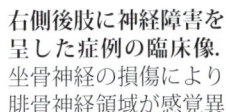

一肢の不全麻痺または麻痺

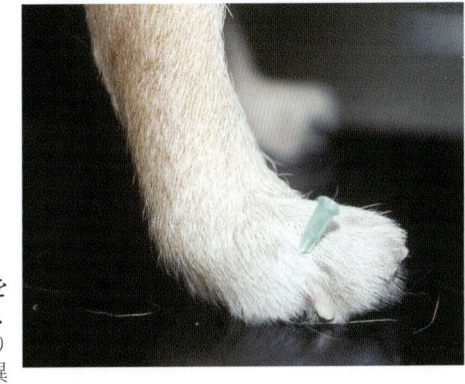

**右側後肢に神経障害を呈した症例の臨床像.** 坐骨神経の損傷により腓骨神経領域が感覚異常に陥っているため，21G注射針の刺入にも無反応であった．受傷後の患肢にはナックリングがみられた．

### 診断のポイント

- すべての犬種に発生する可能性がある.
- 一肢の不全麻痺または麻痺の原因は，ほとんどの場合が外傷か腫瘍である．これを鑑別するためには急性に発症したのか，慢性進行性に経過しているのかを知ることが重要である.
- 患肢の姿勢反応，脊髄反射，皮膚の表在感覚を調べることにより，どの神経が損傷しているかが分かる.
- 腕神経叢の断裂は交通事故によって起こることが多く，肩甲骨が下垂するとともに患肢を引きずりながら歩行するため診断は容易である.

### 確定診断

- 神経学的検査所見とともにX線検査により整形外科的疾患でないことを確認する.
- 筋電図が使用できる場合には，針筋電図と誘発筋電図の所見によって診断する.

### 治療のポイント

- 保存療法および関節の拘縮を防ぐための理学療法.
- 腫瘍の場合には摘出手術または断脚手術.

# Chapter 4
# 消化器系疾患

# 37. 口内炎, 舌炎, 歯肉炎, 咽頭炎, 扁桃炎

食欲低下
口臭
嚥下困難
前肢で口をかく動作
流涎
床に顔を擦り付ける
舌潰瘍
繰り返し頭を振る

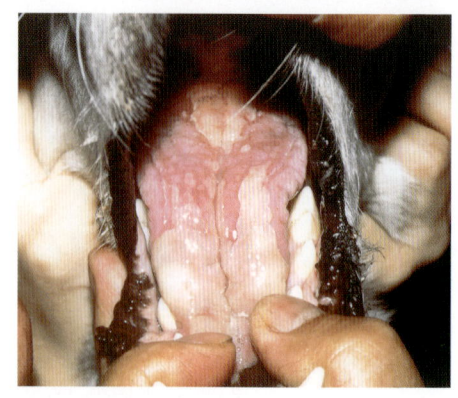

**舌炎の臨床像.** 化学薬品の誤飲により，舌にはびらん・潰瘍形成を伴った重度の炎症が生じている．

### 診断のポイント

- すべての犬種，年齢に発生する．
- CBC では全身性の感染症や慢性疾患の有無を，血液化学検査では尿毒症や高血糖の有無をチェックする．
- 上部気道感染症が原因となることがある（咽頭炎・扁桃炎）

### 確定診断

- 視診により直接，口腔粘膜，咽頭あるいは扁桃の発赤・腫脹，びらん・潰瘍，偽膜形成などを確認する．生検による病理組織学的検査が病因の鑑別に役立つ．

### 治療のポイント

- 基礎疾患に対する治療．
- 口腔の清浄化．
- 抗生物質の投与．

# 38. 口腔内腫瘍

口　臭
流　涎
嚥下困難
慢性潰瘍
下顎リンパ節の腫脹
口唇の腫脹
食欲低下
体重減少

**口腔内に発生した悪性黒色腫の臨床像.** 左側上顎の歯肉から口唇粘膜にかけて，灰白色〜黒褐色の弾性腫瘤（矢印）が形成されている．シー・ズー /8 歳 / 雄.

## 診断のポイント

- 口腔内腫瘍のうちで発生頻度が高いのは悪性黒色腫（30 〜 40％），扁平上皮癌（20 〜 30％），線維肉腫（10 〜 20％）である．
- 悪性黒色腫は 10 歳以上の犬の口腔粘膜に発生し，付属リンパ節や肺に高率に転移する．小型犬の雄に多く発生する傾向がある．
- 扁平上皮癌は歯肉や舌に発生する悪性上皮系腫瘍で，診断時の平均年齢は 10 歳である．周囲組織内へ浸潤性に広がるが，付属リンパ節や肺への転移は比較的まれである．中型〜大型犬に多く発生する傾向があるが，性別による偏りはみられない．
- 線維肉腫は歯肉に発生する悪性間葉系腫瘍で，診断時の平均年齢は 7 歳である．局所浸潤性が強く周囲の骨組織内にも広がるが，転移は比較的まれである．中型〜大型犬の雄に多く発生する傾向がある．

## 確定診断

- 細胞診が役立つ場合もあるが，確定診断にはやはり生検による病理組織学的検査が必要となる．

## 治療のポイント

- 外科的切除.
- 化学療法
- 放射線療法.

## 39. 歯周疾患

歯肉遊離縁の炎症
歯肉の後退
歯垢付着
歯石付着
口　臭
流　涎

歯のぐらつき
根尖膿瘍に関連する症状

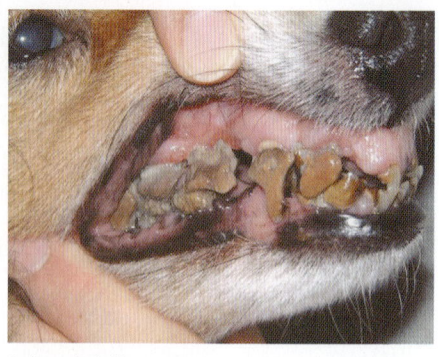

**歯周疾患の臨床像．**口腔内には歯石の重度付着とともに，慢性炎症に起因する歯肉の増生が認められる（炎症性エプリス）．雑種／10歳／雌．

### 診断のポイント

- 歯の支持構造である歯肉，歯周靱帯（歯根膜），セメント質および歯槽骨のすべてあるいはいくつかが炎症を起こしたものである．
- 口腔内マッサージやブラッシングの習慣がない．
- 軟らかい食物やビスケットのような嗜好品を常食としている．
- 口臭，歯のぐらつき，歯肉の発赤・腫脹，歯槽からの出血や膿の排出などを確認する．
- 根尖膿瘍が併発している場合には，白血球増加症が認められることもある．
- 根尖膿瘍まで進行している場合には，X線検査で硬板の喪失，限局性骨融解像が認められる．

### 確定診断

- 口腔の視診で診断可能である．さらに，歯周ポケットの測定は歯周疾患の進行度を知るのに役立つ．

### 治療のポイント

- 歯垢・歯石の除去．
- 予防ペーストでの研磨，食餌後のブラッシング．

## 40. 根尖膿瘍

眼下の排膿瘻
眼下の蜂窩織炎
鼻汁を伴う片側性の上顎洞炎
下顎腹側面の排膿瘻形成
口腔内の痛み
咀嚼困難
流　涎
食欲低下

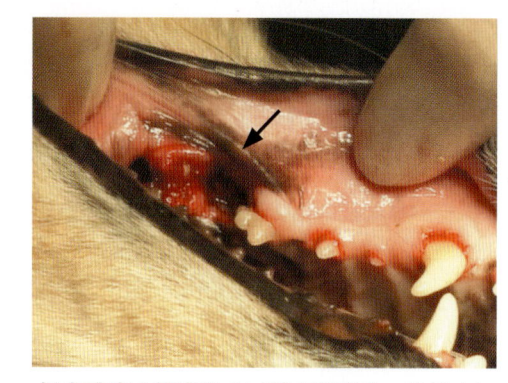

**根尖膿瘍の抜歯後の口腔内臨床像．** 歯槽内に膿瘍形成のみられた右側上顎の第4前臼歯と第1・第2後臼歯を抜去した（矢印）．シェットランド・シープドッグ/11歳/雌．

### 診断のポイント

- 中年齢～高齢の小型犬に多く認められる．
- 病歴に歯髄の露出や齲歯を持っている場合がある．
- X線検査にて，歯根尖を取り囲む骨組織にX線透過域が認められる．

### 確定診断

- 鼻汁の細菌・真菌培養や細胞診は，鼻腔内の腫瘍あるいは感染性疾患との鑑別に役立つ．X線検査で歯根尖を取り囲む骨組織のX線透過域を探索する．

### 治療のポイント

- 抜　歯．

## 41. 遺残乳歯

> 永久歯萌出時期に
> 乳歯が残存
> 不正咬合
> 歯垢付着
> 口臭

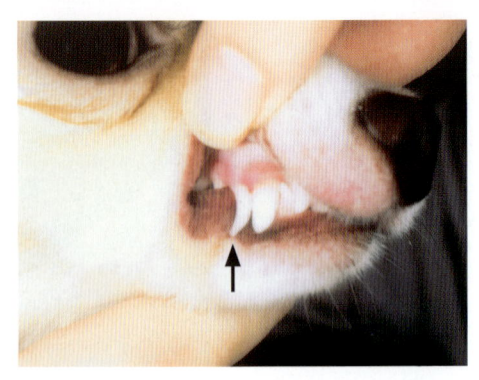

**遺残乳歯の臨床像．**永久犬歯の後ろ側に弯曲した乳犬歯（矢印）が遺残している．

### 診断のポイント

- 特に小型犬に多い．
- 限局性の歯肉炎，歯周疾患，口鼻瘻の形成が認められることもある．
- ワクチン接種時期の身体検査が重要である．

### 確定診断

- 口腔の視診で診断可能である．

### 治療のポイント

- 遺残乳歯の抜歯．

## 42. 唾液嚢腫（唾液腺嚢腫）

頚部・舌下部・咽頭部の腫脹
口腔内腫瘤
嚥下困難
咀嚼困難
眼球突出
呼吸困難

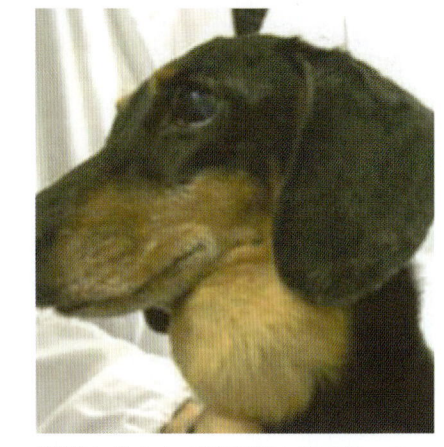

**下顎腺に生じた唾液嚢腫の臨床像.** ミニチュア・ダックスフンド/2歳/雄.

### 診断のポイント

- プードルとジャーマン・シェパードに多いが，すべての犬種に発生する可能性がある．
- 通常は片側性に発生し，発育は緩徐で，痛みを伴わない波動性の腫脹を特徴とする．
- 嚢腫からの穿刺液は黄褐色〜赤褐色で透明ないしは混濁しており，粘稠度が高い．

### 確定診断

- 穿刺液の塗抹標本をPAS染色することにより粘液の存在を確認できる．腫瘍との鑑別には，穿刺液の細胞診や生検による病理組織学的検査が必要となる．

### 治療のポイント

- 罹患唾液腺の外科的切除．

## 43. 食道炎

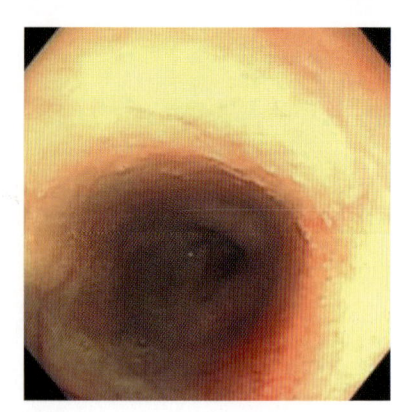

**唾液分泌亢進**
**食欲廃絶**
**吐　出**
**嚥下障害**
発　熱
元気低下
食道痛
咽頭の炎症
吸引性肺炎
食道穿孔
ショック

**食道炎の内視鏡写真．** 食道下部の粘膜が顕著に発赤し粗糙感を増している．マルチーズ /13 歳 / 雌．

### 診断のポイント

- すべての犬種，年齢に発生する．
- 化学物質（酸・アルカリなど）の摂取がなかったか，急性および慢性の嘔吐を引き起こす基礎疾患を有していないか，術後の発生（手術中の食道内胃液逆流）ではないかをチェックする．
- CBC で白血球増加症が認められる．
- 単純X線検査あるいはバリウム造影検査では異常所見に乏しい．

### 確定診断

- 内視鏡による食道内の観察（粘膜の充血，浮腫，粗糙化，びらん・潰瘍やプラーク形成など）および生検による病理組織学的検査が必要となる．

### 治療のポイント

- 化学物質に対しては中和物質の投与と吸引除去が必要である．
- 抗生物質，$H_2$ 受容体拮抗薬（ラニチジン，ファモチジンなど），細胞保護薬（スクラルファートなど），プロトンポンプインヒビター，消化管運動作動薬（メトクロプラミドなど）の投与．
- 胃瘻チューブ装着．

# 44. 巨大食道

吐出
発育不良
吸引性(誤嚥性)肺炎
唾液分泌亢進
嚥下痛
食餌時間の延長
食欲低下
体重減少
あくび
空気嚥下症
頸部食道の拡張
全身性神経筋疾患徴候

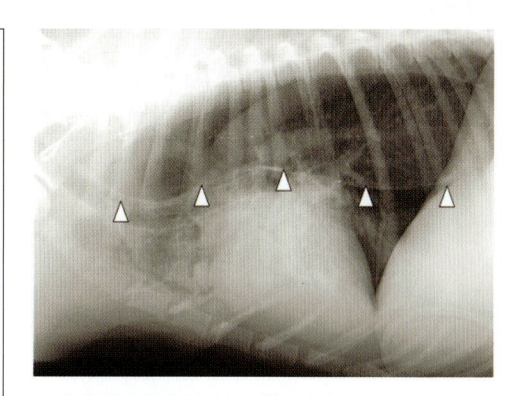

**巨大食道の胸部X線・側方向像.** 食道（矢頭：下部の輪郭を示す）が胸腔の上半分を占拠するように著明に拡張し，気管および心臓を腹方に押し遣っている．雑種/6歳/雄.

## 診断のポイント

- 先天性の巨大食道は幼若犬に多くみられる．好発犬種はグレート・デーン，ジャーマン・シェパード，アイリッシュ・セター，ニューファンドランド，シャー・ペイ，パグ，グレーハウンドである．また，ワイアー・フォックス・テリアとミニチュア・シュナウザーでは遺伝性の発生が知られている．
- 後天性の巨大食道はあらゆる犬種，年齢に発生する．
- 血液検査で白血球増加症が認められることがある．副腎皮質機能低下症あるいは甲状腺機能低下症に起因する場合には，それぞれ低ナトリウム血症と高カリウム血症，高コレステロール血症が認められる．
- 頸部・胸部X線検査で拡張した食道と腹側方向へ変位した気管が認められる．また，吸引性肺炎（誤嚥性肺炎）を併発していることもある．
- 食道運動減退を伴う神経筋疾患との鑑別診断が必要となる．

## 確定診断

- バリウムによる食道造影は，血管輪奇形（右大動脈弓遺残症）や胃食道重積のように巨大食道を合併する他の疾患を除外するのに役立つ．また，

内視鏡検査も同様である．

### *治療のポイント*

- 基礎疾患の治療．
- 食餌の変更と立位での給餌．
- 呼吸器感染の治療．
- 外科的には食道部分切開術があるが，適応症例は限られる．

# 45. 食道閉塞

```
吐出（水，未消化物，
  泡沫状粘液，唾液）
体重減少
吸引性（誤嚥性）肺炎
嚥下困難
巨大食道
食欲亢進
```

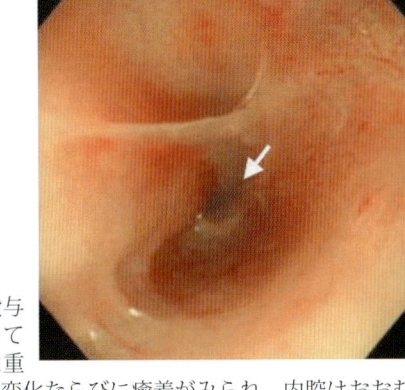

**食道閉塞の内視鏡写真**．錠剤投与の失宜に伴う重度の炎症によって生じた食道閉塞．食道粘膜には重度の炎症性充血・水腫，増殖性変化ならびに癒着がみられ，内腔はおおむね閉塞している（矢印）．ミニチュア・シュナウザー/6か月齢/雄．

### 診断のポイント

- すべての犬種，年齢に発生する．若齢犬であればまず第一に血管輪奇形（右大動脈弓遺残症）を疑う．
- 食道を通過できない大きさの異物や食塊の摂取歴を聴取する．
- 激しい嘔吐を呈した病歴の有無をチェックする．
- 頸部の視診で限局性の腫脹を，触診で硬固物を認めることがある．
- CBCで白血球増加症が認められることがある．
- 頸部・胸部X線検査で食道内の異物やガス，胸腔内腫瘤により圧迫された食道，巨大食道などが観察されることがある．

### 確定診断

- 陽性造影剤による食道造影は鑑別診断に役立つ．
- 内視鏡検査は腫瘍や狭窄，憩室の鑑別に役立つ．

### 治療のポイント

- 外科療法（血管輪奇形，食道憩室，食道狭窄）．
- 狭窄部の拡張（食道狭窄）．
- 対症療法．

# 46. 肥大性幽門狭窄

**空腹時嘔吐**
**鼓　脹**
胃停滞
腹部膨満
体重減少
食欲不振

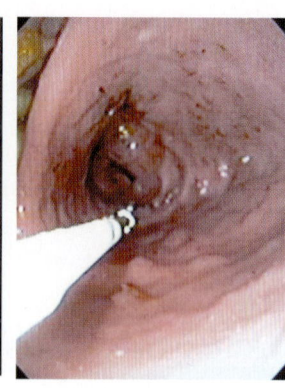

**肥大性幽門狭窄の超音波画像（左）および内視鏡写真（右）.** 超音波検査では筋層の著明な肥厚に伴い胃・幽門部の壁厚が増しており（星印：液状内容物を入れた胃の内腔／矢頭：胃の漿膜面），内視鏡検査では幽門部の内腔が顕著に狭窄している．シー・ズー／11歳／去勢雄．

## 診断のポイント

- 先天性幽門狭窄の症状は通常離乳期に現れる．ボクサーやボストン・テリアに多く認められる．後天性幽門狭窄は犬種，年齢を問わず発生する．
- 持続的な嘔吐は胃酸喪失による代謝性アルカローシスにつながる．
- 単純X線検査で胃内容物の停滞像，バリウム造影で幽門管の通過障害が認められる．
- X線透視検査で胃の正常な蠕動波と幽門管のバリウム通過障害が認められる．
- 超音波検査で肥厚した幽門部筋組織が認められる．

## 確定診断

- 試験開腹術により幽門部の肥厚が認められる．

## 治療のポイント

- 外科療法として幽門筋切開術，幽門形成術がある．

## 47. 急性 / 慢性胃炎

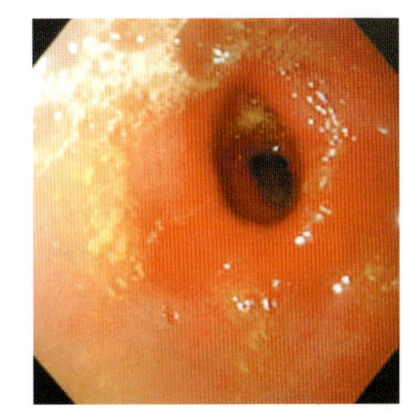

§急性胃炎
**急性嘔吐**
**食欲不振**
§慢性胃炎
**慢性嘔吐**
**体重減少**

**急性カタル性胃炎の内視鏡写真.** 胃粘膜がび漫性に発赤して粘液分泌の増加が認められる. ミニチュア・ダックスフンド /4 歳 / 雄.

*診断のポイント*

### §急性胃炎
- 1週間以内の臨床経過.
- 多くは食餌（飼養失宜）と関連している.
- 外的病因（異物，薬物，化学物質など）.
- 内的病因（感染症，内部寄生虫，アレルギーなど）
- 胃疾患，腹部疾患，全身性疾患に伴う二次的症状
- 臨床病理検査の値は一般に正常範囲内にあり，症状が軽い場合には不要である.
- X線検査は胃内異物の除外に役立つ.

### §慢性胃炎
- 1〜2週間以上持続する間欠性の嘔吐.
- 症例の多くで病因を特定できない.
- 急性胃炎の病因に繰り返し曝露されると慢性胃炎に移行することがある.
- 脱水による血液濃縮，胃粘膜からの慢性出血による再生性ないし再生不良性貧血が認められることがある.

- 好酸球性胃炎の場合には，好酸球増多を伴う白血球増加症を示すことが多い．
- 糞便検査，駆虫薬に対する反応により腸内寄生虫症を除外する．
- 単純X線検査，X線バリウム造影あるいは超音波検査で胃内異物，胃壁の肥厚を確認できることもある．
- 内視鏡検査により胃粘膜の変状を観察する．

### 確定診断

- 急性胃炎の動物は治療によく反応するが，ほとんどの場合は原因が特定されない．
- 慢性胃炎の確定診断には内視鏡検査と胃粘膜の生検が必要である．

### 治療のポイント

- 病因の除外．
- 食餌制限．
- 対症療法．

# 48. 胃の腫瘍

```
食欲不振
嘔　吐
体重減少
貧　血
胃痛（腹痛）
流涎過多
吐　血
メレナ
```

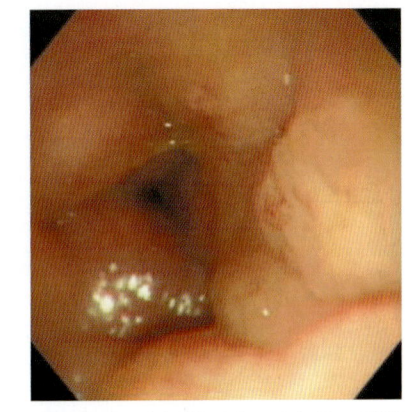

**胃・印環細胞癌の内視鏡写真．** 癌細胞の浸潤性増殖によって胃壁は顕著に肥厚し，粘膜面は不整に隆起している．雑種/11歳/雌．

### 診断のポイント

- 中年齢～高齢（6歳以上）の雄（雌雄比1：2.5）に多くみられる．
- 最も多く認められる腫瘍は腺癌であり（60～70％），時に腺腫，平滑筋腫，平滑筋肉腫，線維肉腫，リンパ腫などもみられる．
- 好発部位は小弯ならびに幽門洞である（胃の遠位3分の2）．
- CBCおよび血液化学検査では，貧血以外に特異的な所見は認められない．
- 胃の単純X線検査は診断的価値に乏しいが，バリウム造影検査では腫瘍あるいは潰瘍病変の存在が指摘される．また，内視鏡検査は胃の腫瘍の診断にきわめて有用である．

### 確定診断

- 生検による病理組織学検査が必要となる．

### 治療のポイント

- 外科的切除．

# 49. 急性胃拡張 - 胃捻転

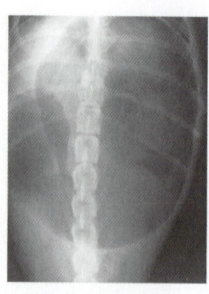

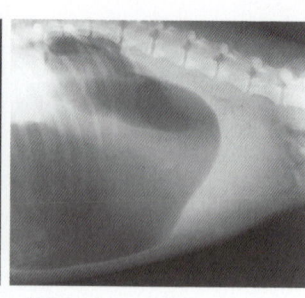

胃拡張
嘔吐を伴わない
吐き気
元気消失
流　涎
可視粘膜蒼白
拘束性呼吸困難
チアノーゼ
後弓反張
起立不能
ショック
虚　脱
腹部膨満
脾　腫

急性胃拡張 - 胃捻転の腹部X線・背腹像（左）および側面像（右）．ガスの貯留により胃が著しく拡張し，幽門部は背側左方へ，胃底部は尾側右方へ変位している．

## 診断のポイント

- ジャーマン・シェパード，グレート・デーン，セント・バーナード，ロットワイラー，ラブラドール・レトリーバー，アラスカン・マラミュートなど，大型で胸の深い犬種に発生しやすい．いずれの年齢層にも発生するが，中年齢〜高齢に多い．
- 原因は不明であるが，食餌後の過度の運動，幽門部通過障害，胃靱帯の伸長，空気嚥下症などが関係している．また，神経質な飼い主の犬に好発する傾向がある．
- 前腹部の鼓脹，頻拍，頻呼吸，低血液量性ショック症状などが認められる．
- CBCではPCV値およびPP値の上昇が認められ，血液化学検査では電解質異常，腎前性高窒素血症などが認められる．
- 心電図検査では不整脈が，血液ガス分析では代謝性あるいは呼吸性アシドーシスが認められる．

## 確定診断

- 腹部X線側面像にて，胃にガス，液体あるいは摂取物が充満し，胃内が明瞭に区画化されている所見が胃捻転を示唆する．

## 治療のポイント

- 循環血液量減少とショックに対する治療．

- 胃の減圧．
- 抗不整脈療法．
- 捻転の外科療法（胃腹壁固定術）．

## 50. 小腸のウイルス感染

```
嘔　吐
下痢（血様，タール状）
脱　水
食欲不振
沈うつ
発　熱
```

### 診断のポイント

- 犬パルボウイルス感染症，犬コロナウイルス感染症，犬ジステンパーウイルス感染症ともに成犬よりも幼若犬が罹患しやすい．特に犬パルボウイルス感染症は 6 ～ 16 週齢の幼犬に好発する．
- 犬パルボウイルスおよび犬ジステンパーウイルス感染症ではリンパ球減少症が認められるが，犬コロナウイルス感染症ではみられない．
- 犬パルボウイルス感染症では，白血球数の著明な減少（3,000 $\mu$/l 以下）が認められる場合が多い．ただし，病初期に白血球の減少がみられることは少ない．
- 犬ジステンパーウイルス感染症では，粘膜上皮細胞の掻爬塗抹標本ならびに血液塗抹の赤血球あるいは白血球（主にリンパ球と好中球）に細胞質内封入体が観察される場合がある．また，消化器症状以外に呼吸器症状や神経症状などを合併していることが多く，犬パルボウイルス感染症と比較して経過が長い．

### 確定診断

- 犬パルボウイルステストによる抗原の検出．
- 犬ジステンパーウイルス抗原検査用キットによる抗原の検出．

### 治療のポイント

- 対症療法．
- 食餌療法．
- 抗生物質の投与．

# 51. 小腸の原虫感染

下　痢
食欲不振
元気消失
体重減少

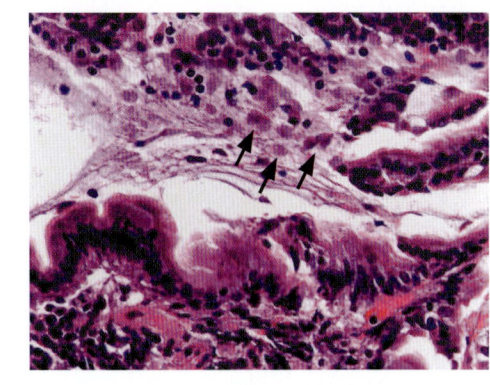

**ジアルジア感染によるカタル性十二指腸炎の組織像．**内視鏡検査時に採取された十二指腸の粘膜組織片では，多量の粘液ならびに剥離・脱落した上皮細胞にまじって，多数のジアルジア栄養型虫体（矢印）が観察される．シベリアン・ハスキー／7か月齢／雄．HE 染色・強拡大．

### 診断のポイント

- 幼若動物に多いが，成犬でも発症する．
- 不衛生な環境で密飼いされている子犬に多く発生し，症状も顕著である．
- 様々なストレス要因が発症の引き金になる．
- 通常，CBC および血液化学検査値に異常はみられないが，脱水が顕著な場合には血液濃縮所見が認められる．

### 確定診断

- 糞便あるいは腸内容物から病原体を検出する．

### 治療のポイント

- コクシジウムにはスルファジメトキシンを使用．症状の重篤な子犬には脱水や貧血を補正するための支持療法が必要．
- ジアルジア，トリコモナスにはメトロニダゾールを使用．

# 52. 好酸球性腸炎

**慢性嘔吐（しばしば間欠的）**
**慢性小腸性/大腸性下痢**
**体重減少**
**食欲不振**
**腸壁の肥厚**

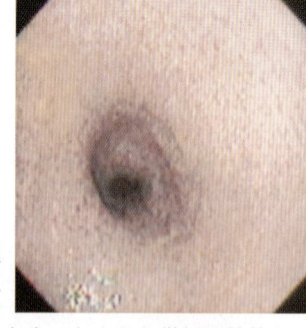

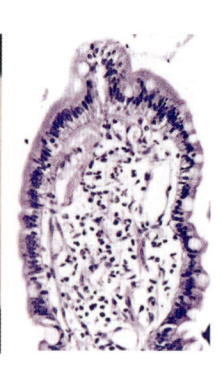

**好酸球性腸炎の内視鏡写真（左）および組織像（右）．** 十二指腸の粘膜表面は砂粒をまいたような微細顆粒状を呈している（左）．十二指腸の粘膜固有層には好酸球の著明な浸潤がみられ，水腫性疎鬆化ないしは膨化を伴っている（右：HE染色・中拡大）．パグ/7歳/雄．

### 診断のポイント

- 犬種を問わず発生するが，ジャーマン・シェパード，ロットワイラー，シャー・ペイに多い．
- いずれの年齢層にも発生するが，5歳未満に多くみられる．
- 原因は不明であるが，寄生虫，免疫介在性（食餌アレルギー，薬物有害反応など），全身性肥満細胞症，好酸球増多症候群，好酸球性肉芽腫などの可能性が示唆されている．
- 通常は慢性経過をたどる（慢性炎症性腸疾患）．胃腸症状は通常2〜3日続き，次の発症周期（6日〜2か月）までは治まる．
- CBCで好酸球増加症が認められる場合もある（必発所見ではない）．
- 蛋白喪失性腸症がみられる場合には，血液化学検査で低蛋白血症や低アルブミン血症が認められる．
- バリウム造影にて，腸壁の肥厚と粘膜面の不整が認められることもある．

### 確定診断

- 胃，小腸，大腸から採取した生検材料の病理組織学的検査が必要となる．

### 治療のポイント

- 低アレルゲン食．
- 寄生虫の駆虫．
- 免疫抑制療法．

# 53. リンパ球プラズマ細胞性腸炎

慢性小腸性下痢
体重減少
嘔吐
食欲廃絶
腸壁の肥厚
腸間膜リンパ節の腫大

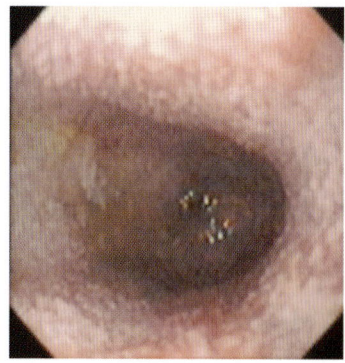

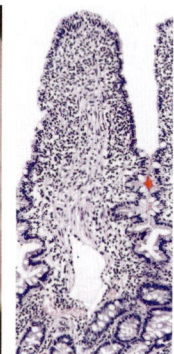

リンパ球プラズマ細胞性腸炎の内視鏡写真（左）および組織像（右）．十二指腸の粘膜は肥厚し，その表面は細顆粒状を呈している（左）．十二指腸の粘膜固有層にはリンパ球および形質細胞の著明な増加がみられ，中心乳び管の拡張と絨毛の肥厚・増幅を伴っている（右：HE染色・中拡大）．ミニチュア・ダックスフンド /4歳/ 雄．

### 診断のポイント

- すべての犬種にみられ，中年齢以降に発生が多い．バセンジーとルンデフンドには遺伝性の発生がみられる．また，ジャーマン・シェパードとシャー・ペイは本症に対する素因を有している．
- 多くの症例は特発性で慢性経過をたどる（慢性炎症性腸疾患）．治療に反応しにくい慢性小腸性下痢を呈し，進行性の体重減少がみられる．また，間欠性あるいは持続性の嘔吐も観察される．
- 腸管内寄生虫，感染症，他の慢性炎症性腸疾患（食餌性過敏症，小腸内細菌過剰増殖），消化器型リンパ腫，リンパ管拡張症などの除外が必要である．
- バリウム造影にて，粘膜の異常や肥厚した腸のループがみられることがある．

### 確定診断

- 生検材料の病理組織学的検査により，腸管の粘膜固有層に浸潤したおびただしい数のリンパ球および形質細胞を確認する．

### *治療のポイント*

- 低アレルゲン食.
- 免疫抑制療法.
- 抗生物質の投与.

## 54. 出血性胃腸炎

```
血様下痢
急性嘔吐
食欲不振
重度の元気消失
CRT の延長
早くて弱い脈拍
腹　痛
```

### 診断のポイント

- すべての犬種に発生するが，小型犬，特にミニチュア・プードル，ミニチェア・シュナウザー，ダックスフンド，ヨークシャー・テリアなどに好発する．通常，成犬にみられ，平均年齢は 5 歳である．
- それまで健常であった犬が甚急性に発症し，低血量性ショックを伴う．
- 重度の血液濃縮（PCV60 〜 75%）をきたす．
- 血液化学検査（二次的な肝酵素値の上昇と高窒素血症）やX線検査（小腸および大腸内に液体 / ガス充満）において特異的な所見は認められないが，除外診断に有効な場合がある．
- 犬パルボウイルス感染症，細菌性腸炎（サルモネラ症など），内毒素血症や低血量性ショックに起因する症状，腸閉塞，副腎皮質機能低下症，膵炎，凝固障害などとの鑑別が必要である．

### 確定診断

- 重篤な臨床症状ならびに重度の血液濃縮を呈し，他の類似疾患を除外できた場合に診断される．

### 治療のポイント

- 輸　液．
- ショックに対する治療．
- 殺菌性抗生物質の投与．

# 55. 消化不良 / 吸収不良

持続性あるいは回帰性の慢性小腸性下痢
多量の脂肪便
排便回数の増加
便への未消化食物の混入
体重減少

## *診断のポイント*

- 消化不良は膵消化酵素，胆汁あるいは他の消化要素の不足・欠乏によって起こり，先天性・後天性膵外分泌不全，胆道閉塞，胃酸過多ならびに十二指腸内で膵酵素の不活化を起こさせる胃疾患，腸内容物の停滞による細菌過剰増殖などが原因となる．
- 吸収不良は蛋白喪失性腸症と非蛋白喪失性腸症に大別される．
- 吸収不良は小腸粘膜からの各種栄養素の吸収が障害された状態であり，慢性炎症性腸疾患（好酸球性腸炎，リンパ球プラズマ細胞性腸炎），特発性絨毛萎縮などで発現する．また，消化器型リンパ腫，ジアルジア症，小腸内細菌過剰増殖，偽閉塞を伴う硬化，乳糖不耐性，ヒストプラズマ症，広範囲の腸切除，アミロイド症，急性ウイルス性あるいは細菌性腸炎，重度の寄生虫性疾患，リンパ管拡張症などでも認められる．

## *確 定 診 断*

- 以下の各種検査により消化不良か吸収不良かが鑑別診断される：寄生虫の除外，TLI 検査，CBC および血液化学検査，血清葉酸およびビタミン $B_{12}$，腸生検．

## *治療のポイント*

- 特異的原因の治療あるいは除去．
- 食餌療法．
- ビタミン補給．
- 消化管運動調整剤の投与．
- 消化管保護薬の投与．

## 56. 寄生虫感染

```
下　痢
嘔　吐
発育不良
体重減少
```

### 診断のポイント

- ペットショップに搬入された子犬が感染を受けやすく，かつ重症になりやすい．また，衛生的でないブリーダーから出された子犬がすでに感染している場合も多い．
- 線虫類の感染では好酸球増加症が認められる場合がある．
- 糞便検査による虫卵，硫酸亜鉛法によるシストなどの検出．
- 糞便検査を3回実施しても卵虫が検出されない場合もある．

### 確定診断

- 寄生虫の種類により異なるが，多くの場合は糞便検査による虫卵，シストなどの検出によって診断が確定される．くり返し実施する．

### 治療のポイント

- 駆　虫．
- 支持療法．

# 57. 腸閉塞

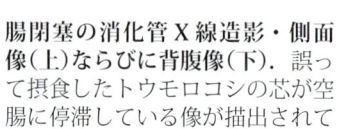

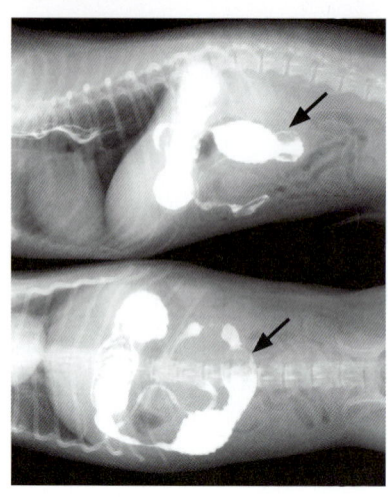

急性・亜急性嘔吐
食欲不振
沈うつ
流涎
下痢
メレナ
体重減少
腹部疼痛
糞便の吐出
腹部膨満

**腸閉塞の消化管X線造影・側面像（上）ならびに背腹像（下）**．誤って摂食したトウモロコシの芯が空腸に停滞している像が描出されている．閉塞部（矢印）の上流にはバリウムがうっ滞している．ミニチュア・ダックスフンド/8歳/去勢雄．

## 診断のポイント

- 腸閉塞の原因としては異物が最も一般的であるが，そのほかに腸重積，嵌頓ヘルニア，腸捻転，腸の腫瘍，肉芽腫性腸炎，腸狭窄などがある．
- 異物による閉塞は比較的若い犬に多い．
- 食物以外の嗜癖（石，紐状のもの，軍手，タオル，ストッキング，おもちゃなど），あるいは種子類（桃，梅干しなど）やトウモロコシなどの摂食がないかどうか，過去に異物による腸閉塞の既往歴がないかどうかチェックする．
- CBCで腸からの血液喪失による貧血やストレス性の白血球増加症が，血液化学検査で低カリウム血症や腎前性の高窒素血症が認められることがある．
- X線検査と超音波検査で異物および異常なガス像より診断できる場合がある．

### 確定診断

●消化管バリウム造影および試験開腹術による.

### 治療のポイント

●体液電解質異常の補正.
●抗生物質の投与.
● NSAIDs の投与.
●外科療法.

# 58. 小腸の腫瘍

慢性下痢（メレナ）
慢性嘔吐
体重減少
食欲不振
鼓　脹
腹　鳴
脱　水
貧　血
腹　水

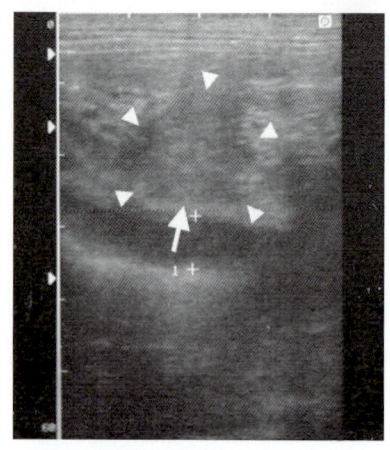

**消化管間質腫瘍の超音波画像.** 回腸壁（矢印）の漿膜面から外向性に膨張性発育する腫瘤状病変（矢頭）が描出されている. 柴/12歳/雄.

## 診断のポイント

- 中年齢～高齢の犬に多く発生し，その大部分は悪性腫瘍である．リンパ腫が最も多く，そのほかに腺癌，平滑筋肉腫などもみられる．
- 臨床症状に特異的なものはなく，転移巣に由来する症状が先に発現することもある．リンパ腫では腸間膜リンパ節，肝臓，脾臓などへの転移病巣から発見される場合もある．
- 触診により中腹部に形成された腫瘤やガスの貯留した小腸ループを触知できることもある．
- CBCでしばしば小球性低色素性貧血がみられる．リンパ腫や肥満細胞腫では末梢血中への腫瘍細胞の出現や好酸球の増加をみることがある．
- X線検査および消化管バリウム造影でマス病変あるいは狭窄や閉塞像が観察される場合がある．

## 確定診断

- 他の慢性消化器症状を呈する疾患を除外し，積極的に試験開腹術へ入っていく必要がある．罹患部位の生検および病理組織学的検査により確定

診断できる．

### *治療のポイント*

- 腫瘍のステージが進行したものが多く，治療の対象とならないこともある．
- 外科的切除．

# 59. 急性（小腸性）下痢

便量の変化
排便回数の増加
メレナ
嘔　吐
脱　水
食欲不振
腹　痛
少量の粘液

### *診断のポイント*

- すべての犬種，年齢に発生する．
- 原因としては不適な食餌（ゴミ，腐敗食物），食餌の急な量的・質的変化，食餌アレルギー・不耐性，代謝性疾患（アジソン病，肝疾患，腎疾患，膵疾患），異物による閉塞（異物摂取，腸重積，腸捻転），特発性（出血性胃腸炎），感染症（ウイルス，細菌，寄生虫，リケッチア），薬物・毒物などがあげられる．
- それぞれの原因に対して除外診断が必要となる．

### *確定診断*

- 多臓器症状がない場合は病歴，身体検査，直接・浮遊法による糞便検査が役に立つ．多臓器症状がある場合には上記に加え，CBC，血液化学検査，尿検査，電解質，リパーゼ，便の菌培養が役に立つ．

### *治療のポイント*

- 潰瘍：絶食，$H_2$受容体拮抗薬，制酸薬あるいは表面保護薬，出血がひどければ全血輸血，必要であれば外科的処置．
- 硬化：メトクロプラミド，抗生物質，コルチコステロイド，食餌療法．
- 細菌感染：抗菌薬，輸液，局所的腸保護薬．
- 真菌感染：藻菌類−内科的治療（アンフォテリシンB，20% NaI），外科的切除．ヒストプラズマ症−内科的治療（アンフォテリシンB，ケトコナゾール）．
- 食餌アレルギーあるいは不耐性：低アレルゲン食，コルチコステロイド．

# 60. 慢性（小腸性）下痢

便量の増加
排便回数の増加
嘔　吐
脱　水
脂肪便
体重減少
発育不良

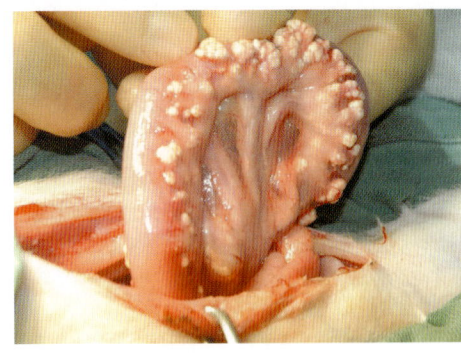

脂肪肉芽腫性リンパ管炎の開腹時臨床像．小腸壁と腸間膜に認められる粟粒大～小豆大の黄白色結節状病巣はリンパ管の内外に形成された脂肪肉芽腫で，蛋白喪失性腸症の原因となるリンパ管拡張症に随伴する疾患特異的病変である．シェットランド・シープドッグ/3 歳/雄．

## 診断のポイント

- すべての犬種，年齢に発生する．
- 原因としては炎症性疾患（リンパ球プラズマ細胞性腸炎，好酸球性腸炎，肉芽腫性腸炎，バセンジーの免疫増殖性腸障害，スプルー），リンパ管拡張症，腫瘍（リンパ腫，腺癌），感染症，寄生虫，部分的閉塞（異物，腸重積，腫瘍），小腸内細菌過剰増殖，短腸症候群，胃十二指腸潰瘍などの原発性小腸疾患のほかに，消化不良，食餌性障害，代謝異常などがあげられる．
- 吸収不良としては膵外分泌不全，胆道系疾患など．
- 食餌性としては食物過敏症，グルテン過敏症など．
- 代謝性疾患としては肝疾患，副腎皮質機能障害，尿毒症，中毒，薬剤投与など．
- それぞれの疾患に対して除外診断が必要となる．

## 確定診断

- 糞便検査．
- 膵外分泌機能検査としては血清 TLI 検査がある．

- 画像検査としては X 線検査，超音波検査がある．
- 内視鏡検査，腸生検が必要になる場合がある．

## *治療のポイント*

- 基礎原因の除去．
- 対症療法のみで治癒することはまれである．
- 潰瘍：絶食，$H_2$ 受容体拮抗薬，制酸薬あるいは表面保護薬，出血がひどければ全血輸血，必要であれば外科的処置．
- 硬化：メトクロプラミド，抗生物質，コルチコステロイド，食餌療法．
- 細菌感染：抗菌薬，輸液，局所的腸保護薬．
- 真菌感染：藻菌類－内科的治療（アンフォテリシン B，20% NaI），外科的切除．ヒストプラズマ症－内科的治療（アンフォテリシン B，ケトコナゾール）．
- 食物アレルギーあるいは不耐性：低アレルゲン食，コルチコステロイド．

# 61. 慢性炎症性大腸疾患

```
慢性間欠性嘔吐
下　痢
便量は正常か増加
排便回数の増加
しぶり
血　便
粘液便
体重減少
脱　水
腹　痛
腹　鳴
鼓　脹
```

### 診断のポイント

- 慢性炎症性大腸疾患は大腸の粘膜固有層への炎症性細胞浸潤を特徴とする疾患群であり，原因として感染性因子，食餌性因子，遺伝的因子などが考えられている（多因子性）．
- すべての犬種に発生するが，本疾患のうちのいくつかは犬種好発性を示す（バセンジーおよびルンデフンドの免疫増殖性腸障害，フレンチ・ブルドッグおよびボクサーの組織球性潰瘍性大腸炎，アイリッシュ・セターのグルテン感受性腸障害）．一般に2歳以上の犬に多くみられるが，ボクサーの組織球性潰瘍性大腸炎の多くは2歳以下に発生する．
- CBC，血液化学検査，そのほかのラボ検査では異常がみられないことが多いが，他の疾患との鑑別のために行う必要がある．
- X線検査でも異常がみられないことが多いが，他の疾患との鑑別のために行う必要がある．
- 内視鏡検査所見は様々であり，診断のためには生検が必要である．

### 確定診断

- 生検材料の病理組織学的な評価を行う必要があるが，内視鏡によるアプローチが困難な場合には試験開腹術も考慮に入れる．

### 治療のポイント

- 食餌療法．
- 抗菌剤（スルファサラジン，メトロニダゾール，タイロシン）の投与．
- 免疫抑制剤の投与．
- 運動性を変える薬剤の投与．

消化器系疾患

# 62. 大腸炎

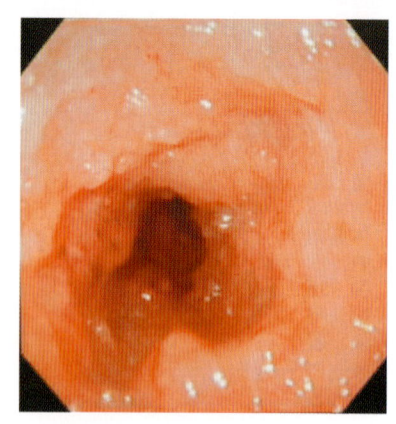

- 慢性下痢
- 血　便
- 粘液便
- しぶり
- 排便困難
- 排便回数の増加
- 脱　水
- 元気消失
- 軽度発熱
- 腹　痛

**慢性大腸炎の内視鏡写真．** 直腸から結腸にかけて粘膜がまだら状に発赤・肥厚し，粗糙感を増している．ミニチュア・ダックスフンド /13 歳 / 去勢雄．

## 診断のポイント

- 犬種，年齢にかかわらず発生する．
- 原因としては感染性（犬鞭虫症，犬鉤虫症，アメーバ症，バランチジウム症，ジアルジア症，トリコモナス症，クリプトスポリジウム症，サルモネラ，クロストリジウム，カンピロバクター，エルシニア・エンテロコリチカ，大腸菌，プロトテカ症，ヒストプラズマ症，ムコール症），外傷性（異物，研磨剤），尿毒症性，アレルギー性（食餌性蛋白，細菌性蛋白），炎症性 / 免疫性（リンパ球プラズマ細胞性，好酸球性，肉芽腫性，組織球性）などがある．
- それぞれの疾患に対して除外診断が必要となる．

## 確定診断

- 病歴，身体検査，直接・浮遊法による糞便検査，CBC，血液化学検査，尿検査，電解質，リパーゼ，便の菌培養，X 線検査，超音波検査，内視鏡検査が役に立つ．
- 診断の確定に生検が必要な場合もある．

## *治療のポイント*

- それぞれの病因に対する治療．
- 絶食を含む食餌管理．
- 補　液．
- 抗生物質の投与．
- 運動性を変える薬剤の投与．

# 63. 組織球性潰瘍性大腸炎

便量の減少
排便回数の増加
粘液便
血　便
しぶり
排便中の痛み
腹　痛
脱　水
発　熱
粘膜蒼白
体重減少
衰　弱

## 診断のポイント

- ボクサーとフレンチ・ブルドッグに報告があり，発症年齢は2歳以下が多い．
- 重症例ではCBCで小球性低色素性貧血，左方移動を伴う好中球増加，総蛋白量の減少がみられる．
- 血液化学検査では，様々な程度の高グロブリン血症を伴う低アルブミン血症がみられる．
- 糞便塗抹標本上に赤血球，炎症性細胞がみられる．
- X線検査（バリウム注腸）および内視鏡検査で，粘膜の鋸歯状化，粘膜皺襞の肥厚，潰瘍形成，狭窄などが観察されるが，初期には認められない場合もある．

## 確定診断

- そのほかの大腸炎，腫瘍，異物，重積などとの鑑別に内視鏡検査および生検が必要となる．

## 治療のポイント

- 抗菌薬（スルファサラジン，メトロニダゾール，タイロシン）の投与．
- コルチコステロイドの投与．
- 食餌管理．
- 免疫抑制療法（アザチオプリン）．

## 64. 巨大結腸

**慢性の便秘**
しぶり
硬固で乾燥した便
排便回数の減少
沈うつ
食欲不振
体重減少
嘔 吐
ショック（結腸の穿孔）

### 診断のポイント

- 犬ではまれな疾患であるが，排便障害に二次的に発生する．
- 腹部触診で硬固な糞塊を入れ拡大した結腸が触知される．
- 血液検査で脱水（PCVと総蛋白量の増加）およびストレスパターンの白血球像，電解質異常，脱水に伴う腎前性高窒素血症などが認められる．

### 確定診断

- 肛門からの探診で直腸は空であるが，骨盤入り口では固い糞塊に触れることが多い．腹部X線検査により容易に診断できるが，糞塊除去後の内視鏡検査やバリウム注腸は，腫瘍，異物，狭窄などの異常を確認するのに必要である．

### 治療のポイント

- 食餌の改善．
- 緩下剤の投与．
- 浣 腸．
- 結腸切除．

# 65. 大腸の腫瘍

しぶり
血　便
排便困難
部分的直腸脱
直腸腫瘍の脱出
粘液を混じた糞便を
少量・頻回排出
間歇的な血液下痢を
伴う慢性下痢
巨大結腸
体重減少

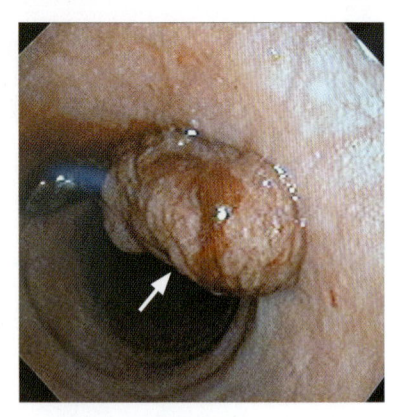

**大腸癌（直腸・高分化腺癌）の内視鏡写真．** 腺癌組織が粘膜面に広基性のドーム状隆起病巣（矢印）を形成している．ラブラドール・レトリーバー /9 歳 / 避妊雌．

### 診断のポイント

- 大腸の腫瘍で最も一般的なのが直腸の腺癌であり，中年齢～高齢での発生が多い．
- 肛門からの探診で直腸壁の肥厚，狭窄，腫瘍が確認できる場合がある．
- CBC や血液化学検査には特異的な所見は認められない．
- バリウムによる大腸造影や結腸鏡が有用である．
- リンパ節，肝臓，肺への転移が起っている場合もある．

### 確定診断

- 病変部の全層生検による病理組織学的検査が必要となる．

### 治療のポイント

- 外科的切除．

# 66. 門脈体循環シャント（PSS）

**中枢神経症状/肝性脳症**
 沈うつ
 けいれん発作
 運動失調
 頭部押付運動
 測定障害
 旋回運動
 行動の変化
 盲　目
 昏迷/昏睡
 食事後の症状悪化

**消化器症状**
 食欲不振
 異食症
 嘔　吐
 下　痢

**泌尿器症状**
 多飲多渇
 多　尿
 尿酸アンモニウム結石
 血　尿

**薬剤不耐性（トランキライザー，麻酔薬の一部）**
**発育不良**
**流　涎**
**腹　水**

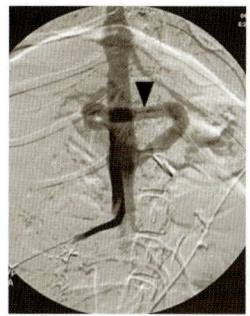

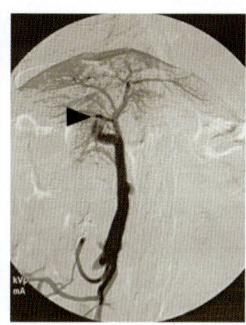

**PSSの透視X線像．** 腸間膜静脈内に造影剤を注入することによってシャント血管（矢頭）が描出される（左）．当該シャント血管を仮結紮（矢頭の部位）することにより肝臓内へ流入する血流（画面上方；樹枝状）が描出される（右）．シー・ズー/1歳/雌．

### 診断のポイント

- 先天性PSSは純血種（ミニチュア・シュナウザー，アイリッシュ・ウルフハウンド，オールド・イングリッシュ・シープドッグ，ケアーン・テリア，ヨークシャー・テリアなど）での発生が多い．性差はみられないが，雄の罹患犬は一般に陰睾である．
- 幼若犬（6か月齢以前）で中枢神経症状，消化器症状および泌尿器症状を併発している場合にはまずPSSを疑う（肝性脳症）．また，年齢に関係なく，重度の肝実質性疾患の病歴がないにもかかわらず，臨床的およ

び血液化学検査的に肝不全徴候を呈している動物でもPSSの可能性を疑う.
- 大型犬では通常,肝内シャントが多い.
- CBCで軽度の非再生性貧血,小赤血球や奇形赤血球(標的赤血球など)が認められる.
- 血液化学検査でBUNの低値,低血糖,低アルブミン血症,低コレステロール血症,高アンモニア血症,血中総胆汁酸値の上昇が認められる.ALTおよびALPは正常かあるいはわずかに増加している場合がある.
- 尿検査で低比重尿が認められ,尿沈査中に尿酸アンモニウム結晶が観察される.
- X線検査で小肝症,腎腫大,腹水貯留が観察される場合が多い.
- 超音波検査で肝内・肝外シャントを確認できる場合がある.

### *確定診断*

- 開腹手術による直視下でのPSSの観察,腸間膜静脈造影法および経脾門脈造影法による連続的な門脈造影によるシャントの確認,またはCT検査によるシャント血管の確認が必要となる.

### *治療のポイント*

- 高アンモニア血症の補正.
- 外科療法.

# 67. 犬伝染性肝炎（ICH）

発　熱
食欲不振
沈うつ
嘔　吐
下痢（血便）
腹　痛
咽頭炎・扁桃炎
リンパ節腫脹
出血性素因
中枢神経症状（肝性脳症，低血糖，非化膿性脳炎）
粘膜の点状出血
ブルーアイ
腎盂腎炎
慢性活動性肝炎
DIC

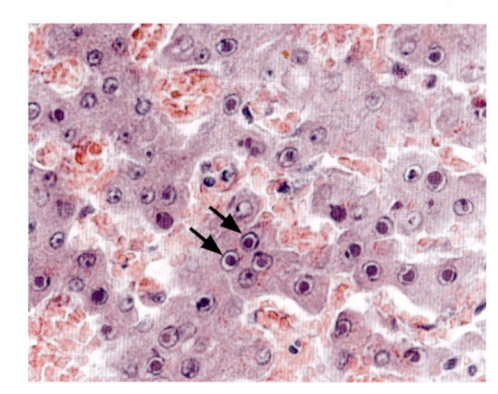

**犬伝染性肝炎の組織像．** コア生検により採取された肝臓の組織片では，ほとんどの肝細胞の核内にハローの形成を伴った大型の好塩基性封入体が観察される．雑種/2歳/雌．HE染色・強拡大．

## 診断のポイント

- ワクチン未接種の1歳未満の犬に多くみられるが，成犬でも発症することがある．
- CBCで病初期にリンパ球および好中球の減少を伴う白血球減少症が認められるが，回復期には白血球増加症に転じる．
- 血液化学検査で肝細胞傷害に起因するALT，AST，ALPおよびGGTの上昇，肝機能不全に伴う低血糖および低アルブミン血症，嘔吐と下痢に伴う低ナトリウム血症および低カリウム血症，血液凝固系の異常などが認められる．
- 尿検査でビリルビン尿およびアルブミン尿が認められる．
- ブルーアイ（前部ブドウ膜炎，角膜浮腫）が回復期に認められることがある．
- 腹部X線検査および超音波検査で肝臓の腫大と腹水の貯留が認められる．

### 確定診断

- 血清抗体検査，ウイルス分離，免疫蛍光抗体検査，肝生検による病理組織学的検査（核内封入体形成を伴う巣状壊死）が必要となる．

### 治療のポイント

- 支持療法．
- DIC の治療．
- 肝性脳症の治療．

# 68. 胆管炎（胆管肝炎）

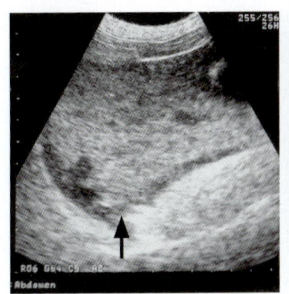

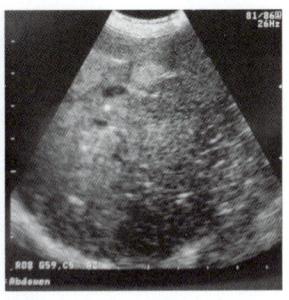

発熱
食欲不振
嘔吐
体重減少
元気消失
黄疸
肝腫大
腹水
肝性脳症

**胆管肝炎の胆嚢（左）および肝実質（右）の超音波画像．** 胆嚢内（矢印）には大量の胆泥貯留が認められるとともに（左），肝実質にはグリソン鞘に一致して点状〜斑状の高エコー像が観察される（右）．雑種/6歳/雌．

## *診断のポイント*

- 犬ではまれな疾患であるが，中年齢以降に発生しやすい．原因として，化膿性の場合には細菌感染（腸内細菌，カンピロバクター，サルモネラ，レプトスピラ）および肝外胆管閉塞，非化膿性の場合には併発疾患として胆嚢炎，胆石症，膵炎，肝外胆管閉塞，炎症性腸疾患，慢性間質性腎炎，その他の感染症があげられる．
- CBC で左方移動を伴う好中球性白血球増加症（化膿性胆管炎）が認められることがある．
- 血液化学検査で ALT，AST，ALP および GGT の上昇，胆汁酸およびビリルビンの増加が観察される．また，低アルブミン血症，高グロブリン血症，空腹時高アンモニア血症，血液凝固時間の延長，あるいは異常な BSP 貯留（黄疸がなくても）が観察される場合もある．
- 腹水（漏出液あるいは変性漏出液）が認められる場合には，慢性リンパ球性胆管炎が疑われる．

## *確定診断*

- 試験開腹術による肝生検，胆汁細菌培養検査が必要となる．

## *治療のポイント*

- 4〜6週間の抗生物質投与（化膿性胆管炎）．
- 免疫抑制剤の投与（慢性リンパ球性胆管炎）．
- 支持療法．

消化器系疾患

# 69. 胆嚢炎

右前腹部の疼痛
発熱
突然の食欲不振
沈うつ
嘔吐
黄疸

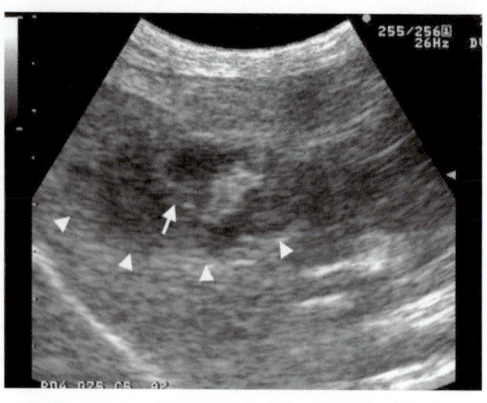

**胆嚢炎の超音波画像.** 胆嚢壁（矢印）が著明に肥厚し内面が粗糙感を増すとともに，炎症性滲出液の貯留により胆嚢周囲に低エコー領域（矢頭）が形成されている．ヨークシャー・テリア/6歳/雌.

## 診断のポイント

- 中年齢以降のすべての犬種に発生する．高脂血症の犬に起こりやすい．
- CBCで左方移動を伴う好中球性白血球増加症が観察される（重症例）．
- 血液化学検査で高ビリルビン血症，低アルブミン血症，ALT，AST，ALPおよびGGTの上昇が認められる．
- 尿検査でビリルビン尿がみられる．
- X線検査で不透過性の胆石が認められる場合がある．
- 超音波検査で肝実質の異常（腫瘤，膿瘍，嚢胞，再生性結節など），胆管閉塞，胆管結石，肝内シャント，肝動静脈瘻，肝静脈のうっ血など他の疾患を除外できる．また，胆嚢内の泥状物や胆石，あるいは胆嚢壁の肥厚や増殖性病変なども観察できる．
- 完全または部分的胆管閉塞を伴うのが普通である．

## 確定診断

- 急性の壊死性胆嚢炎ではショックの徴候が，破裂した場合には敗血性腹膜炎の徴候がみられる．
- 超音波検査により胆嚢内に異常を観察した場合には，試験開腹術により

生検ならびに細菌培養を実施する.

## *治療のポイント*

- 抗生物質の投与.
- 低脂肪食による食餌療法.
- 試験開腹術および外科的摘出.

# 70. 胆石症（総胆管結石症を含む）

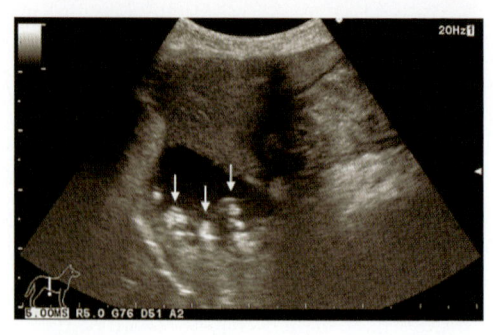

```
沈うつ
嘔　吐
下　痢
食欲不振
腹　痛
黄　疸
発　熱
```

胆石症の超音波画像．胆石（矢印）はアコースティックシャドーを伴った大小様々な高エコー像として描出されている．トイ・プードル/12歳/雌．

### 診断のポイント

- 中年齢以降の犬に発生する（特にミニチュア・シュナウザー，プードル）．高脂血症の犬に起こりやすい．
- 一般に無症状であるが，胆嚢炎や胆嚢破裂を合併することがある．
- CBCで通常は異常を認めないが，炎症性の白血球像を示す場合もある．
- 血液化学検査で高ビリルビン血症が観察される．ALT，AST，ALPおよびGGTの上昇が認められる場合もある．
- 尿検査でビリルビン尿がみられる．
- X線検査で不透過性の胆石が認められる場合がある．
- 超音波検査で胆嚢内に存在する径2mm以上の結石，胆嚢壁の肥厚，胆管の拡張を観察することができる．また，肝実質の異常（腫瘤，膿瘍，囊胞，再生性結節など），肝内シャント，肝動静脈瘻，肝静脈のうっ血など他の疾患を除外できる．

### 確定診断

- X線検査あるいは超音波検査で胆嚢内あるいは総胆管内の結石を確認する．

### 治療のポイント

- 抗生物質の投与．
- 低脂肪食による食餌療法．
- 試験開腹術および外科的摘出．

# 71. 慢性活動性肝炎（CAH）（炎症性肝疾患）

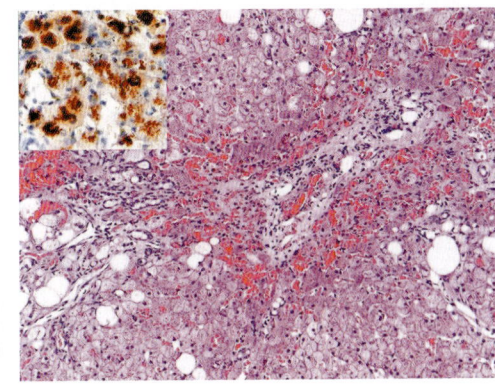

沈うつ
元気消失
食欲不振
虚弱
多飲多渇
多尿
嘔吐
下痢
黄疸
体重減少
腹水
肝性脳症

**慢性活動性肝炎（銅蓄積性肝障害）の組織像．** コア生検により採取された肝臓の組織片では，肝細胞の細胞質内に多量の銅が蓄積するとともに（挿入図：ロダニン法による銅染色・強拡大），小葉間結合組織（グリソン鞘）にリンパ球・形質細胞の浸潤と線維増生が認められる．イングリッシュ・スプリンガー・スパニエル/4歳/雄．HE染色・中拡大．

## 診断のポイント

- 平均6歳（2〜10歳）の雌犬に多く発生する．ベドリントン・テリア，ドーベルマン・ピンシャー，コッカー・スパニエル，ラブラドール・レトリーバー，スカイ・テリア，スタンダード・プードル，ウエスト・ハイランド・ホワイト・テリアなどに好発する傾向がある．
- 原因として感染性（犬伝染性肝炎ウイルス，レプトスピラ），免疫介在性，中毒性（銅蓄積症，薬物）などがある．
- CBCで非再生性貧血，小赤血球症，血小板の減少，総蛋白量の減少などが認められることがある．
- 血液化学検査でALT，AST，ALPおよびGGTの上昇が認められる．また，総ビリルビン，アルブミン，BUN，グルコース，コレステロールなどに変動がみられることもある．
- 肝機能検査は総胆汁酸およびアンモニア耐性試験ともに異常を示す．血液凝固時間の延長，FDPの上昇がみられる．
- 尿検査でビリルビン尿がみられる．

- X線検査で肝臓は末期に縮小している場合がある．
- 超音波検査で肝臓の大きさは正常ないし小さめであり，肝実質は高エコーレベルを呈する．さらに，結節形成や辺縁不整など肝硬変を示唆する像も観察される．

### *確定診断*

- 肝生検による病理組織学的検査が必要となる．

### *治療のポイント*

- 低用量糖質コルチコイドとアザチオプリンの併用療法．
- ウルソデオキシコール酸，ビタミンE，SAMe，コルヒチン，Dペニシラミンの投与．
- 食餌療法と栄養補給．

## 72. 中毒性肝炎

```
食欲不振
嘔　吐
下　痢
虚　弱
肝腫大
多飲多渇
腹　水
黄　疸
肝不全
肝性脳症
```

### 診断のポイント

- 長期間にわたり薬物（強心剤，抗けいれん薬など）の投与をうけている動物に起こりやすい．そのほかの薬物として糖質コルチコイド，駆虫剤（ベンジベンダゾール系，チアセトアルサミド系），吸入麻酔薬（ハロセン，メトキシフルレン），解熱・鎮痛薬（アセトアミノフェン）などが原因となる．
- そのほかに化学物質，アフラトキシン，敗血症，膵炎，炎症性腸疾患，ウイルス，慢性活動性肝炎，全身性低酸素症，貧血，過剰な銅蓄積，犬糸状虫関連，損傷などが原因となる．
- CBC でストレスパターンの白血球像が，血液化学検査で ALT，AST，ALP および GGT の上昇などが認められる．

### 確定診断

- 薬物摂取歴と肝障害を示す所見から診断可能であるが，診断の確定には肝生検による病理組織学的検査が必要となる．

### 治療のポイント

- 投与薬剤の中止・変更．
- 支持療法．

# 73. 肝 硬 変

沈うつ
食欲不振
体重減少
多飲多渇
多　尿
吐　血
メレナ
出血傾向
腹　水
黄　疸
小肝症
顔面と肢端の発赤びらん，脱毛・痂皮
薬剤不耐性（トランキライザー，麻酔薬の一部）

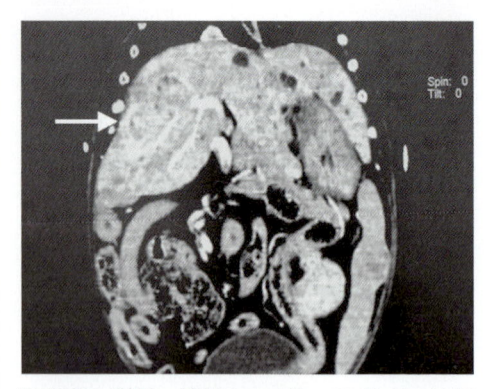

**肝硬変の腹部・造影 CT 画像．** CT 検査では肝臓の割面（矢印）はまだら状を呈し，多くの微小～小型嚢胞の形成を伴っている．スコティッシュ・テリア /14 歳 / 雄．

## 診断のポイント

- 慢性肝疾患罹患犬に発生することが多い．原因疾患には銅による中毒性肝炎，慢性活動性肝炎，門脈域に炎症を引き起こす慢性炎症性腸疾患，慢性低酸素症，薬物・毒物誘発性肝障害，ウイルス感染，レプトスピラ症，長期の肝外胆管閉塞，肝臓の広範性壊死などがある．
- CBC で小球性または正球性の非再生性貧血，一部に血小板減少がみられる．
- 血液化学検査で肝酵素値（特に ALP と ALT）の上昇，高アンモニア血症，血中総胆汁酸値の上昇，高ビリルビン血症，低アルブミン血症，高グロブリン血症，コレステロールおよび BUN の低値，低血糖，低カリウム血症などが認められる．肝酵素値（ALP と ALT）は大部分の症例で上昇しているが，末期であれば軽度の上昇あるいは正常値を示すことが多い．DIC を裏付ける所見として血液凝固系の異常が観察されることも多い．
- X 線検査で肝臓の縮小が認められる．
- 超音波検査で肝臓の縮小，肝辺縁の不整化，再生性結節の形成，肝実質内の線維組織増加に伴うエコージェニシティーの増加，脾腫，続発性の

PSS などが観察されることがある.

### *確定診断*

- 肝生検による病理組織学的検査が必要となる.

### *治療のポイント*

- 対症療法.
- 食餌療法.

# 74. 肝臓腫瘍

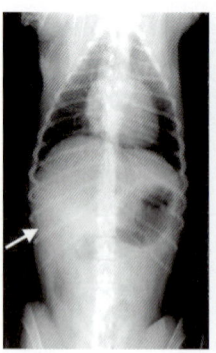

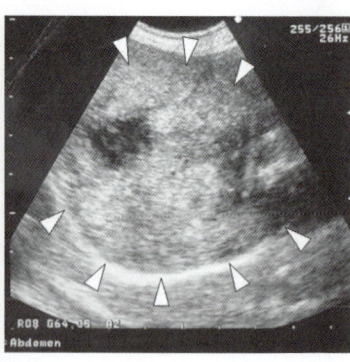

食欲不振
沈うつ
体重減少
嘔吐
腹部膨満
下痢
多飲多渇
黄疸
肝腫大
腹水
腹腔内出血

肝細胞癌のX線・背腹像（左）ならびに肝臓腫瘍の超音波像（右）．X線検査で肝右葉の腫大がみられ（左），超音波検査では明瞭な腫瘤形成が認められる（右）．柴/8歳/避妊雌．

## 診断のポイント

- 肝腫大を伴った肝障害を呈する10歳以上の高齢犬では肝臓腫瘍を疑う．肝臓原発の悪性腫瘍のうち，肝細胞癌（肝癌）が50％以上を占め，次いで多いのが胆管細胞癌（胆管癌）である．
- CBCで貧血および白血球増加症が認められることがある．
- 血液化学検査で肝酵素値（ALT, AST, ALP, GGT）の上昇が認められる．肝細胞癌では低アルブミン血症，高ガンマグロブリン血症，低血糖，高コレステロール血症がみられることもある．また，直接・間接ビリルビンの上昇がみられることが多い．
- 肝細胞癌および胆管細胞癌では血中α-フェトプロテイン濃度の上昇（＞250ng/ml）が認められることがある．
- 腹腔内貯留液は変性漏出液で血様のことが多く，腫瘍細胞が観察されることもある．
- 腹部X線検査では孤在性の腫瘤病変として，あるいは非対称性の肝陰影として認識される．肝腫大が著しい場合には胃が背側後方に変位する．また，胸部X線検査で肺への転移が認められることもある．
- 超音波検査では様々なエコーレベルを有する単発性あるいは多発性の腫瘤病変として描出される．

### 確定診断

- 肝生検による病理組織学的検査が必要となる．

### 治療のポイント

- 外科的切除．
- 支持療法．

# 75. 急性膵炎

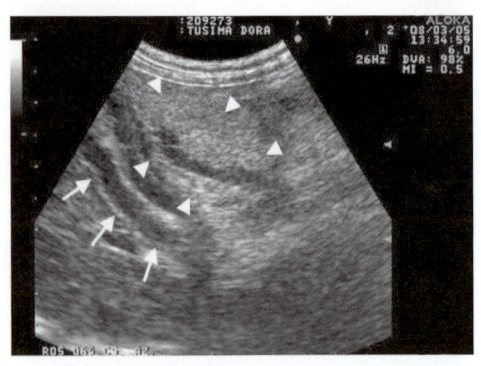

嘔　吐
元気消失
腹　痛
下　痢
発　熱
虚　弱
呼吸促迫
頻　拍
脱　水
黄　疸
不整脈
腹部腫瘤
凝固障害（出血傾向）

急性膵炎の超音波画像．腫脹した膵臓（矢頭）は超音波検査で容易に描出されるとともに，エコーレベルが増してまだら状を呈する（矢印は十二指腸）．ヨークシャー・テリア/13歳/雄．

## 診断のポイント

- 中年齢以降（5歳以上）のすべての犬種にみられるが，雌での発生が多い．罹患犬のすべてが肥満というわけではないが，脂肪が少なくて運動の十分な犬が膵炎にかかることはまれである．肥満個体で多量の高脂肪食を摂取した後に症状が発現することがある．ミニチュア・シュナウザー，ミニチュア・プードル，コッカー・スパニエル，ダックスフンド，ヨークシャー・テリア，シルキー・テリアなどに好発するとの報告もある．
- 重症例ではショック症状と重度の組織破壊を伴うことがあるが，それ以外はこれより軽い症状が数週間にわたって持続する．
- CBCで左方移動を示す好中球主体の白血球増加症，リンパ球の減少，PCV値の上昇がみられる．
- 膵臓の炎症が周囲組織に波及した場合には，血液化学検査でALP，ALT，ビリルビン，血糖値およびBUNの上昇，総コレステロールおよびトリグリセリドの上昇．低カルシウム血症，低ナトリウム血症，低カリウム血症，低クロール血症などが認められることがある．
- 血清アミラーゼおよびリパーゼの上昇がみられることはあるが，必ずしも特異的な所見とは言えない．血清トリプシン様活性濃度の測定は診断に有用である．

- X線検査所見から診断できることはまれで，急性の嘔吐と腹痛を引き起こす他の原因を除外するために実施されることが多い．膵疾患（炎症，腫瘍，膿瘍）にしばしばみられる単純X線検査所見としては，腹部右頭側4分の1の不透過度増大，十二指腸の右方移動および幽門洞の左方移動，十二指腸の補捉ガス像などが認められる．
- 超音波検査で，膵臓に不均一な充実性あるいは囊胞状病変が描出された場合には膵膿瘍を疑う．正常な膵超音波像がみられない．

### 確定診断

- 試験開腹術あるいは膵生検が必要となることが多い．
- 急性膵炎を単独で確定診断できる検査法はない．膵炎の診断には病歴，身体一般検査および各種臨床病理検査のデータに基づいた類症鑑別が必要である．診断が疑わしい場合には，試験開腹術あるいは腹腔鏡検査を考慮する．
- 犬膵特異的リパーゼの測定が，今後有用な補助診断法となるかもしれない．

### 治療のポイント

- 絶食・絶水時間は3日間程度に抑え低脂肪の食餌を少量から開始する．
- 体液量の補給．

# 76. 膵外分泌不全

```
下　痢
体重減少
食欲亢進
脂肪便
多量の半固形状～
水様性の便
被毛粗剛
食糞症や異食症
多飲多渇
多　尿
腹　鳴
鼓　脹
```

### *診断のポイント*

- 若年型・遺伝性の膵外分泌不全の発生はジャーマン・シェパード，コリー，イングリッシュ・セターに認められている．成年型・後天性のものはすべての犬種にみられ，品種差，性差は認められない．若齢犬では特発性の膵腺房萎縮，高齢犬では慢性膵炎に起因することが多い．
- 明朗活発で正常～旺盛な食欲にもかかわらず体重が著しく減少する．食糞や脂肪便が確認できるものもいる．
- CBC，血液化学検査および尿検査値は正常範囲内にあることが多い．低コレステロール血症が報告されている．
- 消化不良の定性的糞便検査：糞便中の脂肪，筋線維，デンプン質およびトリプシンの検出．本検査は信頼性に乏しく，診断的意義は低い．

### *確定診断*

- 現在行われている検査法の中で信頼性が高いのは，血清中TLI値を測定する方法である．

### *治療のポイント*

- 膵外分泌酵素の補給．
- 食餌の改善．
- ビタミンの補給．
- 抗生物質の投与．

# 77. 膵臓腫瘍

体重減少 / 増加
食欲不振
沈うつ
腹　痛
けいれん発作
消化不良
嘔　吐
下　痢
黄　疸
発　熱
腹腔内腫瘤
発　作
低血糖
虚　弱
多　食
多飲多渇
多　尿
運動失調

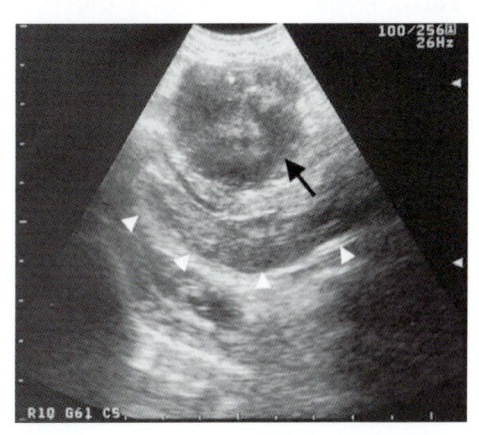

**膵臓・外分泌腫瘍の超音波画像.** 十二指腸（矢頭）に沿うように形成された膵臓の腫瘤状病変（矢印）が明瞭に描出されている．シー・ズー /14 歳 / 雄．

## 診断のポイント

- 膵臓原発腫瘍の発生頻度はきわめて低い．その多くは外分泌腺由来の腺癌であるが，内分泌腺由来のインスリノーマ，グルカゴノーマ，ソマトスタチノーマの発生も報告されている．腺癌は中年齢以降の雌犬，エアデール・テリアに多くみられる傾向がある．インスリノーマは中年齢以降の犬での低血糖の原因となり，スタンダード・プードル，ボクサー，フォックス・テリア，ジャーマン・シェパード，ゴールデン・レトリーバー，アイリッシュ・セター，コリーなどに好発する．
- 腺癌を診断する特異的なラボ検査法はない．
- インスリノーマでは補正インスリン / グルコース比 {AIGR ＝ ［血漿インスリン（$\mu$U/ml）× 100］/ ［血漿グルコース（mg/dl）－ 30］} を求める（AIGR ＞ 30 でインスリノーマ）．
- アミラーゼやリパーゼの値は一部の腺癌症例で上昇することがある．腺癌が肝臓に転移すると ALP とビリルビンが著明に上昇することが多いが，ALT は上昇しない．これは閉塞性肝障害の結果と考えられる．
- 腺癌症例の腹部 X 線検査では，膵炎の所見がみられたり腹部前方に腫瘤

が認められたりする．胸部X線検査では肺への転移像が認められることもある．
- 超音波検査により腫瘤が描出される場合がある．
- 腹腔内貯留液の細胞診でまれに癌細胞が認められることがある．

### *確定診断*

- ほとんどの症例では確定診断を下すために試験開腹術による生検および病理組織学的検査が必要となる．

### *治療のポイント*

- 単一腫瘤の場合には外科的切除を行う．
- 外科的救助処置．
- 膵臓腫瘍に対する他の治療法の有効性については検討されていない．

# 78. 会陰ヘルニア

会陰部の膨隆・突出
便秘
しぶり
排便困難
排尿困難（膀胱が坐骨直腸間隙に反屈した場合）
便失禁
尿毒症（膀胱あるいは尿管が巻き込まれた場合）
内毒素血症（腸の絞扼ループに起因する）

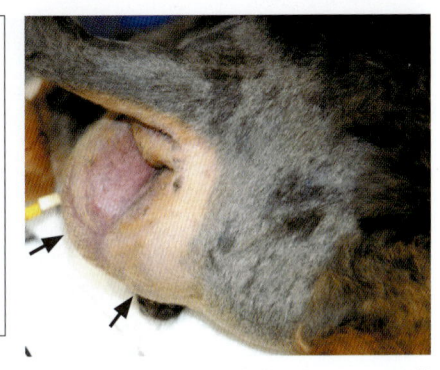

**会陰ヘルニアの臨床像．**左右対称性に突出したヘルニア嚢（矢印）内には，直腸憩室と腹腔内脂肪が脱出している．ミニチュア・ダックスフンド /7 歳 / 雄．

### 診断のポイント

- 中年齢の未去勢雄犬に最も発生が多い．ボストン・テリア，ボクサー，コリー，ウェルシュ・コーギー，ペキニーズなどに好発する．
- 触診により骨盤隔膜の異常が触知され，直腸検査により直腸に形成された小嚢とその内部に埋没した糞便を認める．会陰部に液体が充満した非還納性の膨隆・突出がみられ，排尿困難，尿毒症症状，尿道カテーテルの不通過を伴う場合には膀胱反屈が示唆される．

### 確定診断

- ヘルニアはしばしば外肛門括約筋のすぐ脇を触れることで明らかになるが，診断の確定には直腸からの触診により拡大した直腸，菲薄になった骨盤隔膜を確認する必要がある．指で直腸を検査すると，右側あるいは左側に憩室や小嚢が形成されており，ほとんどの場合その中に硬固になった便が詰まっている．会陰ヘルニアを伴わない直腸憩室，腫瘍，尾側に位置する前立腺周囲嚢胞との鑑別が必要となる．

### 治療のポイント

- 外科的な整復．
- 補助療法として低残渣食，便の軟化剤，便の掻き出し等を行う．
- 去勢の効果については疑問もあるが，前立腺の大きさを減らすので間接的に役立つかもしれない．

# 79. 直腸脱

**反転・充血した直腸の肛門からの脱出**
怒責
しぶり

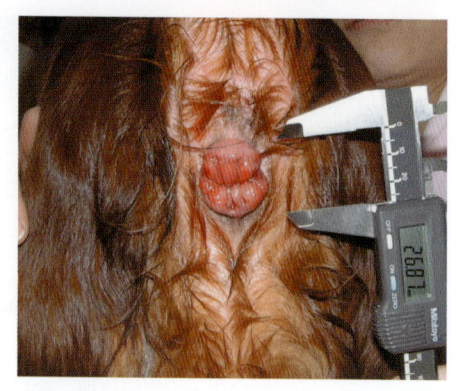

**直腸脱の臨床像.** 反転した直腸の一部が肛門から脱出している. アイリッシュ・セター /4 歳 / 雄.

## 診断のポイント

- 重度な下痢としぶりを呈している幼若犬, 回虫やコクシジウムの重度寄生がみられる若齢犬, 先天的に肛門括約筋が弱い品種（ボストン・テリアなど）の幼若犬に起こりやすい.
- そのほかに排便障害, 直腸あるいは肛門部の腫瘍, 難産, 膀胱炎, 尿石症, 前立腺疾患, 結腸炎, 直腸炎, 直腸内異物, 会陰ヘルニアなどが直腸脱の原因となる.

## 確定診断

- 真性の直腸脱と回腸結腸重積の脱出とを鑑別することが重要である. 潤滑剤をつけた体温計や手指を肛門と脱出した組織塊の間に沿って通す. 直腸脱であれば円蓋が肛門から 1cm 以内に位置するが, 重積の脱出では探子や手指が組織塊を越えて 5 〜 6cm まで容易に入り込む.

## 治療のポイント

- 基礎的原因の治療あるいは除去.
- 脱出が軽度かつ短時間であり, 脱出組織が健常なままであれば, 保存的治療を試みる.
- 保存的治療で対応できない場合は外科的に整復する.

## 80. 肛門嚢疾患

肛門周囲の発赤・腫脹
しぶり
肛門周囲瘙痒（なめたりかんだりする）
尻のこすりつけ
肛門周囲擦過傷
自分の尾を追いかける
肛門周囲滲出物（膿瘍破裂）
行動の変化
化膿性外傷性皮膚炎

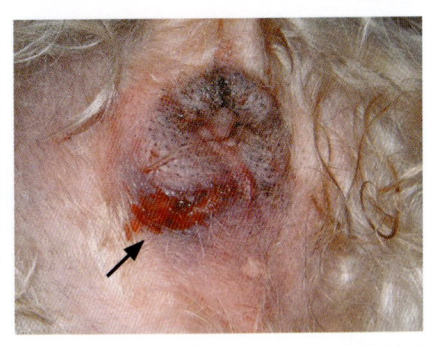

**肛門嚢疾患の臨床像**．肛門の左下方に化膿性肛門嚢炎に起因する瘻管が形成され，血膿様分泌物の滲出を伴っている．ヨークシャー・テリア /3 歳 / 雄．

### 診断のポイント

- 犬の肛門部に発生する疾患の中でも群を抜いて発生率の高い疾患である．年齢差，性差はみられない．小型犬種，特にミニチュア・プードル，トイ・プードル，チワワなどに好発する．
- 本疾患には停滞（分泌物貯留），炎症（肛門嚢炎），膿瘍形成の 3 つのタイプがあるが，これらは同一疾患のステージの差にすぎない．
- 病歴から診断可能である．

### 確定診断

- 停滞：肛門嚢は硬くて腫脹しており，圧迫すると褐色の濃厚・粘稠な内容物が出る．
- 肛門嚢炎：悪臭のある，黄色ないし黄緑色，クリーム状の内容物が出る．
- 膿瘍形成：肛門嚢の部位が発赤・腫脹し，赤褐色の血膿様分泌物が滲出する．
- 肛門嚢腫瘍，肛門周囲腺腫，肛門周囲瘻，肛門周囲外傷（特に外傷）との鑑別が必要となる．

### 治療のポイント

- 肛門嚢内容物の排出．
- 肛門嚢腔内の洗浄・消毒．
- 肛門嚢腔内への抗生剤の注入．
- 肛門嚢切除．

# 81. 肛門周囲瘻

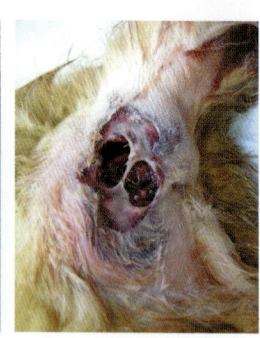

肛門周囲をしきりになめる
排便困難
便　秘
出　血
尻のこすりつけ
悪臭のある粘液
膿性滲出液排出
血　便
しぶり
大便失禁
下　痢
食欲不振
体重減少

肛門周囲瘻の排膿処置前後の臨床像．肛門わきの瘻管から血膿様分泌物が漏れ出ており（左），排膿処置後には同部位に軟部組織の広範な壊死・欠損ならびに瘻管形成が認められた（右）．ゴールデン・レトリーバー/6歳/雄．

## *診断のポイント*

- ジャーマン・シェパード，アイリッシュ・セター，イングリッシュ・セター，ラブラドール・レトリーバーなどに好発する．
- 肛門周囲に形成された瘻管から悪臭を発する粘液膿性滲出物が出る．病巣は強い疼痛を伴い，尾を挙上させただけでも怒る．
- 会陰部は粘液膿性滲出物による薄膜で痂皮状におおわれ，これを洗浄して除去すると潰瘍，肉芽組織，膿の排出管が明らかになる．病巣の程度は罹患している期間により異なる．病巣を探診すると会陰部の病巣は互いにつながり，皮下全体に広がっているのが明らかとなる．
- 会陰部の検査で診断がつく．

## *確定診断*

- 身体一般検査で疑わしい臨床症状と典型的な病変が認められる．
- 慢性肛門嚢膿瘍，潰瘍化や排液を伴う肛門嚢アポクリン腺腫/腺癌，直腸瘻，焼灼性あるいは熱性障害および外傷を含む肛門周囲刺激との鑑別が必要となる．

### *治療のポイント*

- ほとんどの症例は外科的処置を必要とする.
- 肛門嚢切除（予防的肛門嚢切除）.
- 断　尾.
- 免疫抑制剤の投与.

# 82. 肛門周囲腺腫

> 肛門周囲をしきりになめる
> 肛門周囲出血（潰瘍形成，出血傾向）
> 肛門周囲の形態異常
> 排便障害

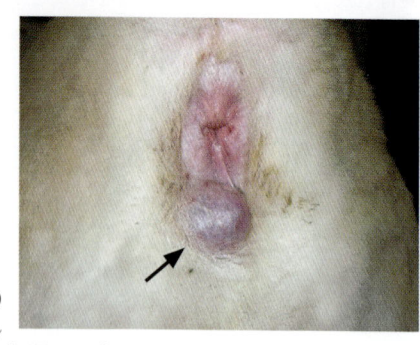

**肛門周囲腺腫（良性）の臨床像**．腫瘍化した肛門周囲腺組織が，肛門の下方にドーム状の隆起病巣を形成している．ラブラドール・レトリーバー /10 歳 / 雄．

## 診断のポイント

- 肛門周囲腺由来のホルモン依存性良性腫瘍であり，中年齢以降の未去勢雄犬に最も多く発生する．
- コッカー・スパニエル，ブルドッグ，サモエド，ビーグル，ダックスフンド，ジャーマン・シェパードは他の犬種よりも発生頻度が高い．
- 雄犬より頻度は低いが避妊雌犬にも発生する．
- 肛門周囲に発生するのが一般的であるが，尾の基部や外陰部に生じることもある．通常，肉眼所見と腫瘤の位置で診断できる．
- 直腸検査で肛門嚢腫瘍を除外する．
- 穿刺吸引細胞診で典型的な肝細胞様の腫瘍細胞が認められる．
- 良性腫瘍と悪性腫瘍とを鑑別するために切除腫瘤の病理組織学的検査が必要である．

## 確定診断

- 肛門周囲腺癌，肛門周囲腺上皮腫，肛門嚢腺癌，高齢雌犬の肛門周囲組織のび漫性肥大，肛門周囲瘻，肛門嚢膿瘍，会陰ヘルニアなどとの鑑別が必要となる．生検による病理組織学的検査が役に立つ．

## 治療のポイント

- 外科的切除と去勢．
- エストロジェン治療．
- 放射線治療．

# Capter 5
# 内分泌性疾患およひ゛代謝性疾患

# 83. 尿崩症

多　尿
多飲多渇
尿失禁

### *診断のポイント*

- この疾患の診断にあたっては，多飲多尿を発現する他のすべての疾患を除外することが重要である．
- 尿崩症はすべての犬種に発生する可能性があり，性差はみられない．通常，先天性下垂体性尿崩症は1歳以下の犬に認められ，脳腫瘍による下垂体性尿崩症は中年齢～高齢の犬に認められる．
- 通常，身体検査所見に異常はみられないが，脱水や神経学的徴候が認められることもある．
- 低尿比重（1.001～1.007）以外には，通常は血液検査および尿検査所見に異常は認められない．
- 水分制限試験を実施しても，尿比重は1.012以下である．

### *確定診断*

- 水分制限試験の結果に基づいて診断を確定する．下垂体性尿崩症と腎性尿崩症を鑑別するためには，ADH反応試験が役立つ．また，他の多飲多尿を示す疾患との類症鑑別も必要である（副腎皮質機能亢進症，糖尿病，PSS，子宮蓄膿症，腎盂腎炎，高カルシウム血症，心因性多尿症，腎不全）．
- 下垂体腫瘍が疑われる場合には，MRIまたはCT検査を実施する．

### *治療のポイント*

- 下垂体性尿崩症には，ADHとサイアザイド系利尿薬を投与する．
- 腎性尿崩症には，サイアザイド系利尿薬の投与と塩分制限を実施する．

# 84. 甲状腺機能低下症

**無気力**
**嗜　眠**
**対称性脱毛**
**体重増加**
**被毛乾燥・粗剛**
運動不耐性
易疲労性
色素沈着
皮膚の肥厚
落　屑
皮膚の脂漏症
発毛遅延
筋力低下
性欲減退
無発情
精巣萎縮
不　妊
末梢神経障害に伴う徴候
寒がり

## 診断のポイント

- 甲状腺機能低下症の発生は中年齢の中型〜大型犬に多くみられ，性差は認められない．好発犬種にはゴールデン・レトリーバー，ドーベルマン・ピンシャー，アイリッシュ・セター，グレート・デーン，エアデール・テリア，オールド・イングリッシュ・シープドッグ，コッカー・スパニエル，ボクサー，ミニチュア・シュナウザー，ダックスフンド，プードル，柴などがある．
- 身体検査にて，低体温と徐脈が認められることがある．
- CBCにて，軽度の正球性正色素性非再生性貧血が認められることがある．
- 血液化学検査にて，高コレステロール血症が高率に認められる．高トリグリセライド血症，高クレアチンキナーゼ活性が認められることもある．
- 甲状腺機能低下症の犬では，血清 $T_4$ および free $T_4$（$FT_4$）濃度の低下が認められるが，これらの低下は甲状腺機能低下症以外の疾患または薬剤によっても起こることがあるので，その解釈には注意を要する．

## *確定診断*

- 血清 $T_4$ および $FT_4$ 濃度の測定.
- TRH 刺激試験.
- TSH 刺激試験. この試験には牛の TSH 製剤が必要であるが, 本邦では入手できない.
- 現在, 多くの検査センターで $T_4$, $FT_4$, c-TSH の測定が可能である.

## *治療のポイント*

- 甲状腺ホルモンの投与.

# 85. 上皮小体機能亢進症

**無徴候**
**食欲不振**
**多飲多尿**
元気消失
嘔　吐
虚　弱
昏迷・昏睡
筋力低下
筋の振戦
尿石症

## *診断のポイント*

- この疾患の診断にあたっては，高カルシウム血症を引き起こす他のすべての疾患（リンパ腫，多発性骨髄腫，肛門嚢アポクリン腺癌，そのほかの癌腫，慢性腎不全，副腎皮質機能低下症など）を除外することが重要である．
- 中年齢～高齢の犬に多くみられ，性差は認められない．好発犬種については明らかにされていない．
- 通常，身体検査で異常は認められない．
- CBCおよび血液化学検査にて，高カルシウム血症が認められる．原発性の上皮小体機能亢進症例では，血清リン酸値は正常または低値である．また，高カルシウム血症に起因する腎不全症例を除けば，BUNおよびクレアチニン値は一般に正常である．
- 尿検査にて，低比重尿が認められる．
- X線検査にて，骨密度の減少，骨吸収，病的骨折，尿石症が認められることがある．
- 超音波検査にて，頚部腹側に上皮小体腺腫が認められることがある．

## *確定診断*

- 診断を確定するためには，PTH濃度の測定および頚部の外科的探査が必要である．

## *治療のポイント*

- 上皮小体腺腫の外科的切除．

# 86. 糖尿病

```
多　飲
多　尿
多　食
体重減少
視覚障害
肥　満
元気消失
食欲不振
嘔　吐
下　痢
頻呼吸
深い呼吸
下部尿路感染に伴う徴候
```

## 診断のポイント

- 糖尿病は中年齢〜高齢（ピークは7〜9歳）の犬に多くみられ，雌犬での発生率が高い．すべての犬種に発生する可能性があるが，なかでもキースホンド，プーリー，ミニチュア・ピンシャー，ケアーン・テリアは好発犬種である．また，プードル，ダックスフンド，ミニチュア・シュナウザー，ビーグルにも発生が多い．
- 身体検査にて，白内障，腹部触診にて肝腫大や腹痛（膵炎の併発による）が認められることがある．ケトアシドーシスを伴う例では，脱水や呼気のアセトン臭が認められることがある．
- CBCにて，好中球増加症が認められることがある．
- 血液化学検査にて，空腹時の高血糖が一貫してみられ，ALP，ALTおよびASTの上昇，高コレステロール血症，高脂血症，電解質異常が認められることがある．フルクトサミン濃度は常に上昇している．
- 尿検査にて，尿糖が認められ，蛋白尿，ケトン体尿，低尿比重，尿路感染の所見が得られることがある．

## 確定診断

- 糖化ヘモグロビンや血清フルクトサミン濃度の測定．
- 臨床徴候．
- 高血糖と糖尿の両方が存在することにより診断する．

## *治療のポイント*

- インスリン療法.
- ケトアシドーシスに対する対症的内科療法.
- 食餌療法.

# 87. 副腎皮質機能亢進症

多飲
多尿
多食
腹部膨満
肝腫大
対称性脱毛
皮膚の菲薄化
色素沈着
面皰形成
肥満
元気消失
皮膚石灰沈着症
筋力低下
筋萎縮
頻呼吸
発情周期異常
陰核肥大
精巣萎縮
神経徴候
糖尿病に伴う徴候
下部尿路感染に伴う徴候
高血圧に伴う徴候

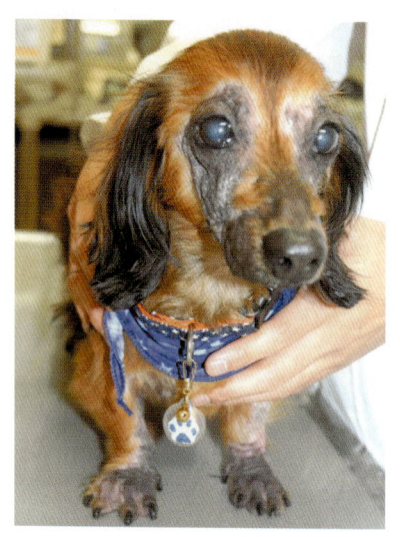

**下垂体依存性副腎皮質機能亢進症の臨床像.** 顔面，腋窩および前肢に左右対称性の脱毛，皮膚の菲薄化と色素沈着が認められる．ミニチュア・ダックスフンド/12歳/雄．

## 診断のポイント

- 自然発生性の副腎皮質機能亢進症は中年齢〜高齢の犬に多くみられ，性差は認められない．好発犬種はプードル，ダックスフンド，ボストン・テリア，ボクサー，ビーグルなどであるが，すべての犬種に発生する可能性がある．
- 小型犬では下垂体依存性副腎皮質機能亢進症の発生が多い．
- 医原性副腎皮質機能亢進症例には，過剰または長期にわたる副腎皮質ホルモン投与歴がある．
- CBCにて，好酸球減少症，リンパ球減少症，好中球増加症，軽度の赤血球増加症が認められることがある．
- 血液化学検査にて，ALP，総コレステロール濃度，肝酵素値，血糖値の上昇が認められることがある．

- 尿検査にて，低比重尿がしばしば認められる．また，蛋白尿，糖尿，ケトン尿，血尿，膿尿，細菌尿が認められることもある．
- X線検査にて，肝腫大と軟部組織の石灰化が認められることがある．副腎皮質腫瘍症例では，副腎の石灰化が認められることがある．
- 超音波検査にて，副腎皮質腫瘍が描出されることがある．

### 確定診断

- 以下の副腎機能検査が必要である．低用量デキサメサゾン抑制試験，ACTH刺激試験，尿コルチゾール/クレアチニン比は，副腎皮質機能亢進症の確定診断に役立つ．高用量デキサメサゾン抑制試験，血漿ACTH濃度測定，コルチコトロピン放出ホルモン刺激試験は，下垂体依存性副腎皮質機能亢進症と副腎皮質腫瘍との鑑別に役立つ．
- CTあるいはMRI検査が，下垂体腫瘍を検出するために利用される．

### 治療のポイント

- o,p'-DDDの投与．
- トリロスタンの投与．
- 副腎皮質腫瘍の外科的切除．
- コルチコステロイドの投与中止．
- ケトコナゾールの投与．
- 放射線療法．

# 88. 副腎皮質機能低下症

元気消失
虚　脱
沈うつ
食欲不振
嘔　吐
下　痢
筋力低下
体重減少
震　え

## 診断のポイント

- 自然発生性の副腎機能低下症は幼若齢〜中年齢の犬に多くみられ，雌犬での発生率が高い．好発犬種はグレート・デーン，ロットワイラー，スタンダード・プードル，ウエスト・ハイランド・ホワイト・テリア，ウィトン・テリア，ビアデッド・コリー，バセット・ハウンド，スプリンガー・スパニエルなどである．
- 長期にわたる副腎皮質ホルモン療法の突然の中止，o,p'-DDD の投与などの既往について確認する．
- 臨床徴候として虚弱，抑うつ，嗜眠，食欲不振，体重減少，下痢，嘔吐，多飲多尿などが認められる．臨床徴候は間欠的に発現することがあり，ストレスによって悪化する．
- 身体検査にて，脱水，低体温，CRT の延長，メレナ，脈拍微弱，徐脈，腹部痛，脱毛が認められることがある．
- CBC にて，好酸球増加症，リンパ球増加症，PCV の軽度低下が認められることがある．一方，脱水による PCV と総血漿蛋白の増加が認められることもある．
- 血液化学検査にて，高カリウム血症と低ナトリウム血症が多くの例で認められる．また，低クロール血症，高カルシウム血症，高窒素血症，低血糖，肝酵素値および ALP の上昇などが認められることもある．
- 心電図検査にて，P 波の平坦化または消失，P-R 間隔の延長，QRS 群の持続時間の延長，T 波の尖鋭化など高カリウム血症に伴う所見と徐脈が認められる．
- X 線検査にて，心臓，大静脈および下行大動脈の陰影縮小（循環血液量の低下に伴う）が認められる．まれに巨大食道がみられることもある．

## 確定診断

- ACTH刺激試験が必要である．ACTH濃度および血清電解質濃度の測定は，一次性副腎機能低下症と二次性副腎機能低下症との鑑別に役立つ．

## 治療のポイント

- 糖質コルチコイドと鉱質コルチコイドの投与．
- ショック，電解質異常，低血糖に対する対症的内科療法．

# 89. 低血糖

```
虚　脱
元気消失
運動失調
発　作
虚　弱
昏　睡
沈うつ
```

### *診断のポイント*

- 低血糖の原因は非常に多様であり，その原因を究明して適切な治療を進めていくためには，シグナルメント・データの検討，薬剤投与歴を含めた病歴の聴取，詳しい身体検査，CBC，尿検査，様々な補助的検査が必要である．
- 低血糖の原因
  - 内分泌性：インスリノーマ，非膵臓性腫瘍（肝細胞癌，平滑筋肉腫），医原性のインスリン過剰投与，副腎皮質機能低下症
  - 肝疾患：PSS，肝硬変，重症肝炎，糖原病
  - 過剰利用：狩猟犬，妊娠，多血症，敗血症，腫瘍
  - 摂取減少/産生低下：子犬，トイ犬種，栄養不良や飢餓

### *確定診断*

- 低血糖の有無については，徴候発現時または空腹時の血糖値を測定することによって確認できる．
- 通常，血糖値が60ml/dl以下である．

### *治療のポイント*

- ブドウ糖の投与．
- 低血糖の原因に対する特異的治療．
- 中枢神経の浮腫に対しては，糖質コルチコイドやマンニトールの必要な場合がある．

# Capter 6
# 泌尿器系疾患

# 90. 間質性腎炎

```
尿量の変化
発　熱
元気消失
食欲の低下・廃絶
体重減少
腹部痛
多　飲
貧　血
脱　水
嘔　吐
不顕性の場合は無症状
```

## *診断のポイント*

- 急性間質性腎炎は，レプトスピラや犬アデノウイルスⅠ型の感染もしくは腎毒性のある抗生物質などの投与に関連して発生するため，好発年齢や好発犬種はない．
- 慢性間質性腎炎は，急性間質性腎炎が慢性化した場合や，慢性糸球体腎炎，慢性腎盂腎炎の続発症として高齢動物に多くみられる．
- 急性の場合，初期は乏尿であるが経過とともに多尿になり低比重尿となる．慢性では常に多尿で持続的な低比重尿を示す．
- 血液検査では，腎障害の程度によってBUNやクレアチニン，無機リンの上昇がみられ，高カリウム血症を伴うことがある．白血球数は軽度に増加する．慢性では正球性貧血を認める．
- 尿検査では潜血，蛋白陽性が認められる．尿沈渣では尿路（移行）上皮細胞を伴わない赤血球，白血球の出現がみられ，好中球の中に輝細胞（glitter cell）を認めることがある．硝子円柱，顆粒円柱もしばしば出現する．
- X線検査では慢性の場合，左右の腎臓はほぼ同等におかされており，輪郭不正を伴ったサイズの縮小が認められる．
- 腎毒性薬剤の投与歴．
- レプトスピラ感染，犬アデノウイルスⅠ型感染の有無．
- 他の慢性的な腎疾患の既往歴．
- 二次性上皮小体機能亢進症の徴候．
- 身体検査で腹部痛を認めることがある．

## *確定診断*

- 腎生検の実施．間質に種々な程度の炎症像や線維化がみられ，尿細管同士が離開した状態になっている．慢性糸球体腎炎，慢性腎盂腎炎との鑑別には特殊染色が必要となる．臨床的には尿検査所見などから総合的に診断する．
- レプトスピラ感染を証明する．

## *治療のポイント*

- レプトスピラ感染に対しては，ペニシリンGやストレプトマイシンの投与が有効である．
- 腎不全に陥っている場合には，輸液療法，食餌療法などで全身状態の改善をはかる．
- 腎毒性薬剤の投与を中止する．

## 91. 腎盂腎炎

**尿臭異常**
発　熱
元気消失
多　尿
体重減少
腹部痛

**腎盂腎炎の超音波画像．** 腎盂（矢印）および尿管（矢頭）は，その内腔に化膿性滲出物を含んだ尿（膿尿）を入れ，軽度～中等度に拡張している．腎乳頭部はまだら状のエコー像を呈している．パグ/7歳/雌．

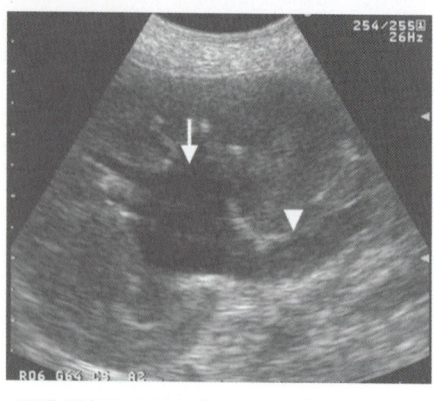

### 診断のポイント

- 他の尿路感染症に合併して発生することが多い．特に高齢犬や雌犬で罹患率が高い．
- CBCでは，好中球増加を伴う白血球増加症を認める．
- 血液化学検査では，BUN，クレアチニンの軽度上昇を認めることがあるが，腎不全には至らない．
- 尿検査では，初期から低比重尿が認められる．膿尿を伴うため，尿臭はアンモニア臭や腐敗臭になる．

### 確定診断

- 尿中細菌の確認．無菌的に採取された尿での定量培養が必要である．
- 尿沈渣にて白血球円柱を認めることがある．
- 蛋白尿の存在．
- 持続的な尿比重の低下．
- CRPの増加および白血球数の増加．
- 慢性腎盂腎炎では正球性貧血を伴う．

### 治療のポイント

- 抗生物質の長期投与．
- 腎盂腎炎を招いた原疾患の治療．

# 92. 腎不全

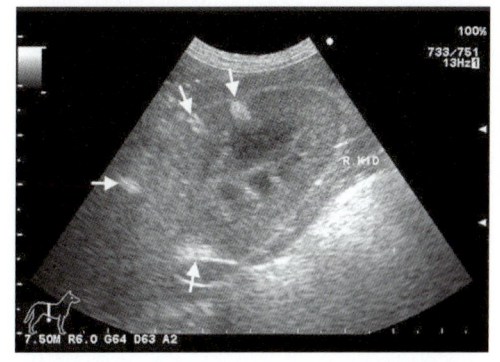

元気消失
食欲の低下・廃絶
嘔 吐
尿量変化
多 飲
体重減少
口 臭
下 痢
腹部痛

**慢性腎不全の腎臓の超音波画像．**腎臓は萎縮して表面が凹凸不整になり，皮質に比較的陳旧な梗塞病巣（矢印）が多発している．雑種/13歳/雄．

## 診断のポイント

- 急性腎不全は，出血や麻酔に伴う血圧低下や心原性ショックなど腎虚血に原因するもの，熱中症，敗血症やDICなど全身性疾患に随伴するもの，腎毒性物質の摂取，レプトスピラなどの感染症，免疫介在性疾患に原因するものなど多岐にわたり，犬種や年齢による偏りはみられない．
- 慢性腎不全は腎臓の加齢性変化に伴って顕性化することが多いため，高齢動物に多くみられる．
- 急性腎不全には初期，乏尿期（維持期），利尿期，回復期の各段階がある．
- 慢性腎不全は不可逆性・進行性であるため，発見時期によって病状が異なる．全身の水和状態，CBCでBUN，クレアチニン，ヘマトクリット，無機リンを測定し，糸球体濾過量などから程度を把握する．
- 低比重尿は，急性腎不全では利尿期まで，慢性腎不全では初期から一貫して認められる．
- 尿量が乏尿から無尿に至るとエンドステージとして解釈される．

## 確定診断

- 血液検査にて正球性正色素性貧血，BUN，クレアチニン，無機リン，カリウムの上昇．急性の場合は貧血を伴わない．

- クレアチニンクリアランスの低下.
- 尿沈渣にて小円形細胞,顆粒円柱を認める.
- 腎不全をもたらした原因により随伴する検査所見は様々である.

## *治療のポイント*

- 輸液などにより利尿を促す.
- 食餌療法.
- 経口吸着剤の投与.
- 腹膜透析,血液透析,血液濾過.
- 腎移植.

## 93. 腎結石症

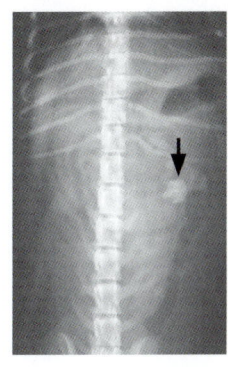

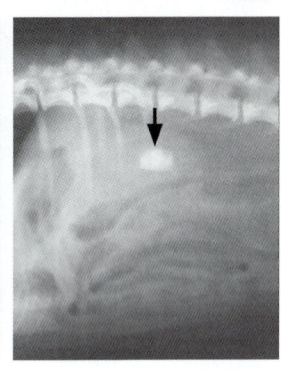

**無症状**
血　尿
嘔　吐
体重減少
上腹部痛
歩行を嫌う
元気消失
食欲低下
多　飲
多　尿
発　熱

腎結石の腹部X線像（左：背腹像，右：側面像）．腎盂内に大型で歪な結石が形成されている（矢印）．シー・ズー /7歳/雌．

### 診断のポイント

- 発生は3〜7歳に多いが，まれに1歳未満にもみられる．ダルメシアンの尿酸塩結石，シュナウザーのシュウ酸塩結石は犬種素因がある．ストラバイト結石はすべての犬種に発生する．
- 尿路感染症，代謝異常，食餌や飲水中のミネラル過剰が原因となる．
- 両側性に発生して腎臓の実質障害をきたしている場合には，血液検査でBUN，クレアチニンの上昇やクレアチニンクリアランスの低下が認められる．腎盂腎炎を併発している場合は，好中球の左方移動を伴う白血球数の増加が認められる．
- 尿検査では，肉眼的血尿もしくは顕微鏡的血尿は必発であり，蛋白陽性所見も認められる．尿沈渣にて白血球，移行上皮細胞，結晶成分の出現がみられるが，結晶成分と結石成分とが必ずしも一致しているとは限らない．

### 確定診断

- X線検査．X線透過性の結石の場合には，静脈性尿路造影法を用いる．
- 超音波検査．

### *治療のポイント*

- 微小な非活動性結石の場合には，大きさや尿所見を定期的に観察するのみで，積極的な治療を必要としない．
- 尿が無菌的で尿路の閉塞がなければ，食餌療法や他の内科療法を開始し，結石の溶解を試みる．
- 感染を認めた場合には，原因菌の同定と感受性試験を実施し，確実に感染を取り除く．感染を伴う完全閉塞では，数日以内に腎全体の破壊が起こる可能性があり，抗生物質の投与下で緊急に摘出手術を行う．
- 結石が取り除かれた後も尿検査，尿の培養検査，X線検査，超音波検査などにより定期的に検診することが望ましい．
- 結石の成分分析を行い，再発防止に努める．

## 94. 先天性尿管疾患

> **尿失禁**
> 会陰部周囲の慢性的な汚れ
> 外陰部をなめる
> 無症状

### 診断のポイント

- 不完全尿管，重複性尿管，先天性尿管弁，異所性尿管が先天性異常にあたる．
- 異所性尿管の報告が最も多く，犬種素因が知られている．シベリアン・ハスキー，イングリッシュ・ブルドッグ，ウエスト・ハイランド・ホワイト・テリア，フォックス・テリア，ゴールデン・レトリーバー，ミニチュアおよびトイ・プードルに好発する．
- 若齢（6か月未満）時からの尿失禁が先天性尿管疾患の特徴である．
- 尿失禁が持続的か間欠的かは，奇形のタイプと片側性奇形か両側性奇形かによって異なる．
- 膀胱を迂回する異所性尿管では，小さな膀胱が触知される．
- 尿管拡張がある場合には，水腎症に陥って腫大した腎臓が触知される．
- 尿検査では，二次感染がある場合には反映した所見が認められるが，奇形に特異的なものはない．
- 超音波検査で拡張した尿管を認めることがある．

### 確定診断

- X線検査．静脈性尿路造影法で尿管を描出するのが最も確実である．尿管開口部が腟内にある場合は，腟造影により開口部からの逆流を観察してもよい．

### 治療のポイント

- 外科手術により異常部位を再建する．不可逆的な重度の水腎症を伴う場合には，腎臓および尿管摘出術を行い，対側腎の機能は正常でなければならない．
- 術後は感染に留意し，定期的に尿検査，尿の培養検査を実施する．
- 術後3〜4週に静脈性尿路造影を行い，再建した尿管の状態を評価する．

## 95. 膀　胱　炎

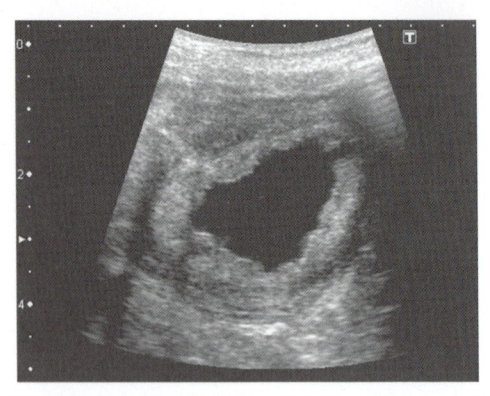

**尿淋瀝**
**血　尿**
尿失禁
尿臭異常（腐敗臭，アンモニア臭）
混濁尿
排尿痛
発　熱
元気消失
食欲低下
下腹部痛
陰部をなめる

**慢性膀胱炎の超音波画像．** 膀胱壁の肥厚ならびに粘膜面の粗糙化（凹凸不整）が認められる．柴/8歳/雄．

### 診断のポイント

- 急性に発症する場合は，長時間にわたる排尿の我慢，膀胱の打撲，過度の力による圧迫排尿など非感染性のものと急性の感染症に起因するものとがある．この場合，好発犬種や好発年齢はない．
- 膀胱炎の慢性化は，膀胱結石による慢性的刺激，尿膜管遺残のように膀胱内に器質的変化が存在する場合，感染源が完全に排除されない不適切な抗生物質療法，膀胱以外の泌尿器に問題がある場合などに生じる．慢性膀胱炎は高齢動物での発生が多い．
- 膀胱炎を招く素因を確認する．上述の原因以外にもシクロフォスファミドやステロイドなどの薬剤，糖尿病や免疫低下性疾患，尿道カテーテルの挿入や留置も原因となり得る．
- 感染性の膀胱炎は一般に雄より雌に多く発生する．
- 膀胱を触診すると，尿貯留は少なく，緊張していて疼痛がある．慢性化した例では，膀胱壁は肥厚し，弾力性に乏しい．
- 肉眼的血尿を認める場合，排尿の最後に出血が最も多い．
- CBCでは，軽度の白血球増加症を認める．
- 超音波検査では，膀胱壁の肥厚や粘膜面の不整を認める．

### *確定診断*

- 尿中細菌の定量培養．$10^5$/ml以上の細菌数は明らかな尿路感染を示す．
- まれに真菌が起因病原体になることもあるので，必要に応じて真菌培養も行う．
- 尿沈渣にて赤血球，白血球，様々な形態を示す尿路（移行）上皮細胞を確認する．
- X線検査．単純X線検査では気腫性膀胱炎の診断が可能である．膀胱造影法にて膀胱壁や粘膜面の状態を評価する．
- 大型犬の雌であれば内視鏡検査が可能である．

### *治療のポイント*

- 膀胱炎を招く素因の排除．
- 細菌の感受性試験に基づいた抗生物質の投与．
- 食餌療法の併用．
- 再発しやすい疾患であり，治療終了後も定期的に尿検査と尿の培養検査を行うことが望ましい．

# 96. 膀胱結石症

> 血　尿
> 尿淋瀝
> 排尿困難
> 尿臭異常（腐敗臭,アンモニア臭）
> 排尿行動の異常
> 排尿痛
> 結石の自然排出
> 尿　閉
> 下腹部痛・不快感
> 無症状

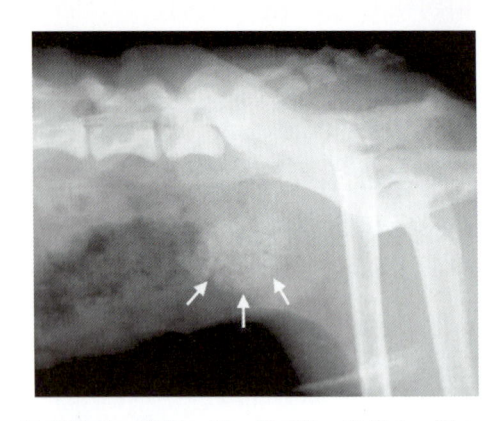

**膀胱結石の腹部X線・側面像.** 膀胱内に様々な大きさの結石が充満している（矢印）．雑種/8歳/雄.

## 診断のポイント

- 結石成分には，ストラバイト，シュウ酸カルシウム，尿酸塩，リン酸カルシウム，シスチン，ケイ酸などがあり，複数の成分が混合するものもある．
- 尿酸塩結石はダルメシアンに，シスチン結石はダックスフンドに，シュウ酸カルシウム結石はシュナウザーに，ケイ酸結石はジャーマン・シェパードにできやすいとされるが，近年は犬の生活環境や食餌内容が多様化していることから，いずれの結石も犬種を問わず発生がみられる．
- 膀胱の触診により結石を触知することがある．
- 臨床症状は膀胱炎と同様である．
- 尿検査では血尿や膿尿を認め，尿沈渣にて結晶と様々な形態を示す尿路（移行）上皮細胞が観察される．ただし，結晶成分と結石成分が必ずしも一致するとは限らない．
- 尿中細菌の定量培養にて $10^5$/ml 以上の細菌数は明らかな尿路感染を示す．ストラバイト結石の形成には感染が重要な役割を果たす．
- CBCでは，軽度の白血球増加症を認める．

## *確定診断*

- X線検査．X線透過性の結石に対しては，膀胱の二重造影法などを用いる．また，X線密度により結石成分のおよその目安をつけることができる．
- 超音波検査．

## *治療のポイント*

- 膀胱切開術により外科的に摘出する．
- ストラバイト結石には内科的溶解療法が応用できる．他の結石に対して有効な溶解療法はないが，補助的手段として併用することが望ましい．
- 感染を伴う場合には，感受性試験に基づいた抗生物質の投与により確実に感染を取り除く．
- 得られた結石については成分分析を行い，結石の種類に応じた再発予防を実施する．
- 反復する膀胱結石症には，定期的な検査が必要となる．

# 97. 膀胱の腫瘍

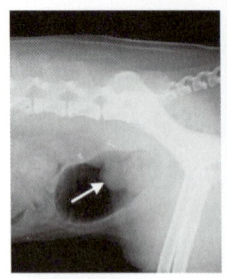

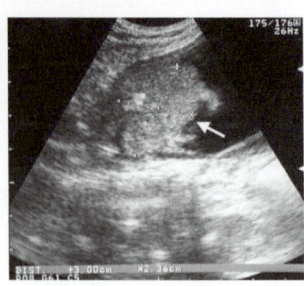

**血尿**
尿淋瀝
下腹部痛・不快感
尿臭異常
排尿行動の異常
排尿痛
貧血
削痩
元気消失
食欲低下

**尿路上皮癌の膀胱X線像（空気注入）（左）ならびに超音波画像（右）．** 膀胱のX線および超音波検査で膀胱三角部に主座する腫瘤状病変（矢印）が明瞭に描出されている．ヨークシャー・テリア/7歳/雌．

## 診断のポイント

- 高齢犬に発生し，犬の腫瘍性疾患全体に占める割合は0.5〜1.0%以下である．
- 悪性腫瘍としては尿路上皮癌（移行上皮癌）が最も多く，扁平上皮癌，腺癌がこれに次ぐ．まれに平滑筋肉腫，線維肉腫などの間葉系腫瘍の発生がみられる．良性腫瘍には乳頭腫，平滑筋腫，線維腫などがある．
- 膀胱炎の症状を示すが治療に反応せず，持続的な血尿を呈することが多い．
- 触診により膀胱に圧痛を認める．また，膀胱壁の肥厚や膀胱内の腫瘤を触知することがある．さらに進行した腫瘍では膀胱全体が腫瘤化している．
- 腫瘍の発生部位によっては，尿管や尿道の閉塞を合併し，水腎症や尿閉の症状をきたすことがある．
- CBCでは，持続性の出血に伴う再生性貧血と白血球増加を認めることが多い．
- 尿検査では，顕微鏡レベルのものも含めて血尿は必発で，蛋白尿や膿尿を伴うことも多い．
- X線検査では，膀胱の二重造影法にて膀胱内の占拠性病変，膀胱壁の肥厚，粘膜面の不整などを認める．同時に周囲リンパ節の腫脹や肺などへの遠隔転移を認めることもある．

- 超音波検査では，腫瘤状病変が描出される．

## 確定診断

- 尿沈渣にて腫瘍細胞を確認する．
- 超音波ガイド下での穿刺吸引細胞診．
- 大型犬の雌で内視鏡の挿入が可能な場合には，生検鉗子により生検を行う．
- 試験開腹術．

## 治療のポイント

- 膀胱部分切除術．
- 膀胱全摘出術．
- 化学療法．

# 98. 膀胱の外傷

**血　尿**
**腹部痛**
沈うつ
食欲廃絶
無　尿
発　熱
嘔　吐
脱　水

## 診断のポイント

- 外傷の原因には，交通事故，人に蹴られる，高所からの落下，激しい運動などのほかに，過度の膀胱触診や圧迫排尿，尿道カテーテルの挿入および留置など医原性のものもある．
- 膀胱の病変は受けた外力の強さや質によって異なり，粘膜出血，びらん，穿孔，破裂など様々である．
- 軽度の粘膜出血は1～3日で自然治癒する．
- 膀胱破裂がある場合には，膀胱の触知は困難かあるいは著明に縮小した状態で認める．
- 輸液後に膀胱が触知できず，かつ腹囲が増大した場合には，破裂が強く示唆される．
- 尿が腹腔内に漏れた場合，無菌性腹膜炎が生じて腹部痛を示す．腹腔内の尿素窒素は急速に血漿濃度に近付き，クレアチニンは血漿濃度の2倍以上になる．
- 血液検査では，高カリウムおよび高リン血症，アシドーシスを伴うBUNおよびクレアチニンの上昇が認められる．
- 尿検査では，肉眼的もしくは顕微鏡的血尿と蛋白尿を認める．膀胱破裂の場合は採尿できないことが多い．

## 確定診断

- X線検査．粘膜出血やびらんが疑われるときは膀胱二重造影法により粘膜面の観察を行い，穿孔や破裂が疑われるときは膀胱陽性造影法により造影剤の腹腔内への漏出を確認する．
- 腹腔穿刺液の検査．

## *治療のポイント*

- 重大な外傷に付随した膀胱損傷の場合，まずは動物の生命維持に努める．
- 体液バランスの是正と窒素含有物の再吸収を減らすために点滴と腹腔洗浄を行う．
- 膀胱再建術．
- 腹膜炎や尿路感染症に対する内科療法．
- 電解質，BUN，クレアチニン，白血球数のモニター．
- 粘膜出血やびらんに対しては，その原因を排除したのち膀胱炎の内科療法を行う．

## 99. 尿道閉塞

**尿淋瀝**
**排尿行動の増加**
排尿困難
無　尿
外尿道口からの出血
元気消失
食欲の低下・廃絶
下腹部痛
嘔　吐
脱　水

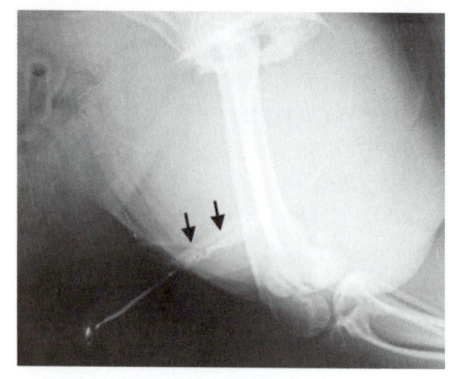

尿道閉塞を示した尿道結石の腰部X線・側面像（尿道内造影剤注入）．尿道内に結石が数珠状に連なっている（矢印）．ブルドッグ/6歳/雄．

### 診断のポイント

- 尿道閉塞の原因には，尿道結石，尿道炎，尿道の腫瘍，尿道内異物，前立腺肥大をはじめとする尿道圧迫性病変などがある．
- 多量〜大量の尿を入れて膨大した膀胱が触知され，同時に痛みも認められる．
- 尿道結石は，膀胱結石の尿道内への移動によって生じるが，雄犬で陰茎骨の手前に詰まって尿道閉塞をきたす場合がほとんどである．
- 尿道炎は，感染症や尿道カテーテルの挿入・留置により誘発され，粘膜に生じた肥厚性病変が内腔の狭窄・閉塞をもたらす．
- 尿道腫瘍の発生はまれであるが，尿路上皮癌（移行上皮癌），扁平上皮癌，腺癌，血管肉腫，横紋筋肉腫などが知られている．
- 前立腺肥大の場合，主訴は排便障害であることが多く，排尿障害を訴えることは少ない．しかし，実際には排尿時間が延長しているにもかかわらず，飼い主が気づいていないことが多い．
- 雌犬では，腟に発生した平滑筋腫や線維腫に原因することが多く，外尿道口を塞ぐように成長している．
- 腟脱や子宮脱に伴う炎症性/循環障害性水腫によって尿道が圧迫されることもある．

- 発見が遅れると膀胱破裂や腎不全をきたし，臨床症状も重篤化する．

## *確定診断*

- X線検査．尿道の陽性造影により壁の肥厚，内腔の狭窄，X線透過性結石の存在などを確認する．
- 尿道カテーテルの試験的挿入．
- 閉塞部位での吸引細胞診．腫瘍性疾患が疑われるときは必須である．

## *治療のポイント*

- 尿道結石の場合には，水圧注入法により結石を膀胱内に移動させる．不可能ならば，尿道切開術により摘出する．
- 尿道炎に対しては内科療法が主体となるが，反応に乏しい場合には外科的に尿道フィステル形成術を行う．
- 尿道腫瘍で尿道を温存できない場合には，尿路変更術や膀胱フィステル形成術を行う．
- 前立腺肥大に起因する場合は，去勢手術や合成黄体ホルモン製剤の投与などにより肥大の縮小化に努める．
- 尿道圧迫性病変に対しては，その原因を除去することで圧迫を取り除く．
- 膀胱内の貯尿が著しいときは，必要に応じて鎮静をかけ，膀胱穿刺により尿を排泄させる．
- 体液バランスの不均衡や高尿素血症がみられる場合には，尿排泄のルートを確保したのち輸液療法を開始する．

## 100. 前立腺肥大症

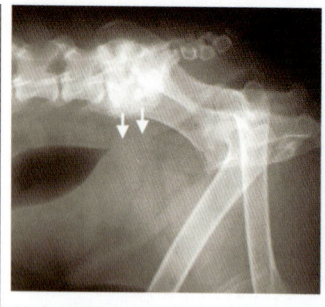

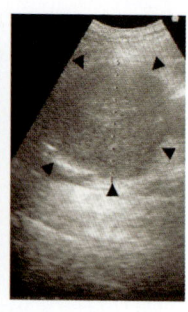

**排便障害**（排便回数の増加，しぶり）
便　秘
血　便
粘液便
血　尿
排尿障害
会陰ヘルニアの合併
無症状

前立腺肥大の腹部X線像（直腸内空気注入）（左）ならびに前立腺の超音波画像（右）．X線検査では肥大した前立腺による直腸の圧迫（矢印）が観察される．超音波検査では腫大した前立腺（矢頭）の内部はおおむね均一なエコーレベルと均質な構造を呈している．ブルドッグ/8歳/雄．

### 診断のポイント

- 前立腺肥大症は，良性前立腺過形成と嚢胞性前立腺過形成とを意味し，未去勢の高齢犬に一般的にみられる加齢性病変である．
- アンドロジェンとエストロジェンの絶対的あるいは相対的過剰が病因となる．
- 腹部触診で膀胱の後方と恥骨前縁との間に前立腺が触知されれば肥大である．通常は骨盤腔内に納まっている．触知された前立腺は可動性であり，前立腺炎を伴わなければ痛みはない．
- 直腸検査では，左右対称性で二葉性の腫大した前立腺が，直腸を圧迫する形で触知される．
- 血液検査で特異的な所見は認められない．
- 尿沈渣中に前立腺由来の円柱上皮が検出されることがある．
- X線検査で腫大した前立腺が確認され，逆行性尿道膀胱造影により尿道前立腺部への逆流が認められる．
- 慢性前立腺炎との鑑別が必要である．
- しばしば会陰ヘルニアを合併する．慢性的な排便時の息みによる腹圧亢進ならびに性ホルモン不均衡による体脂肪の減少と筋肉の菲薄化が原因

となる．

### *確 定 診 断*

- 超音波検査．直腸プローブを用いることで的確に描出できる．過形成では均一なエコー像が観察され，大きさ以外には正常な前立腺像と大差はない．この像に微小無エコー域が混在する場合は，囊胞性過形成が示唆される．
- 前立腺マッサージによる経尿道的吸引細胞診．
- 経皮的穿刺吸引細胞診．

### *治療のポイント*

- 前立腺を縮小化させるため，去勢手術や合成黄体ホルモン製剤の投与を行う．
- 合併症の治療．排便障害や便秘に対しては高繊維食の給餌や緩下剤の投与などにより便が固くならないようにする．会陰ヘルニアは外科的に整復する．
- 前立腺の縮小経過を定期的に検査する．

# 101. 前立腺炎

膿尿
血尿
排便障害（排便回数の増加，しぶり）
便秘
包皮に尿道からの分泌物付着
尿失禁
腹部痛
背弯姿勢
強直性歩行
発熱
食欲低下
元気消失

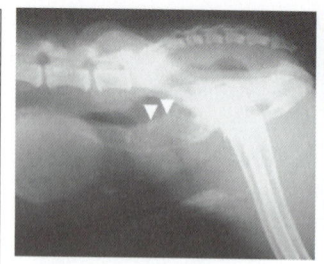

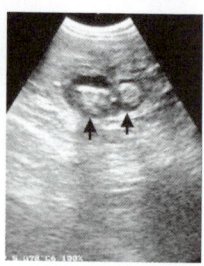

化膿性前立腺炎の腹部X線像（膀胱内造影剤注入）（左）ならびに前立腺の超音波画像（右）．前立腺の内部にX線検査で石灰沈着（矢頭），超音波検査で膿瘍形成（矢印）が認められる．ブルドッグ /8歳/雄．

## 診断のポイント

- 未去勢の高齢犬に発生するのが一般的であるが，去勢済みの犬にみられることもある．
- 前立腺肥大に伴って発症することが多い．特に嚢胞性過形成は前立腺炎に移行しやすい．
- 他の尿路感染症が誘因になる．
- 急性症と慢性症があり，進行すると前立腺膿瘍に移行することもある．
- 急性症では直腸検査で前立腺の腫大，可動性，硬固感，二葉性，疼痛と尿道分泌が認められる．慢性症では腫大は軽度で痛みも強くない．
- 血液検査では，炎症が著しい場合に好中球増加を伴う白血球増加症を認めるが，そのほかに特異的な所見は見いだされない．
- 尿検査では，潜血，蛋白尿，膿尿など他の尿路感染症と同様の所見が観察される．
- X線検査では，通常腫大した前立腺を認める．慢性症では正常サイズの場合もある．
- 超音波検査では，内縁がスムーズからやや不規則な多巣状性の無エコー域と低エコー域とが混在した像が観察される．

## *確定診断*

- 前立腺マッサージによる経尿道的吸引細胞診．同部位洗浄液の細菌培養を行い起因菌を同定する．
- 経皮的穿刺吸引細胞診．その際，腹腔内の細菌汚染や前立腺穿孔を伴う危険性があるので十分な注意が必要である．
- 射出精液の検査．

## *治療のポイント*

- 前立腺を縮小化させるため，去勢手術や合成黄体ホルモン製剤の投与を行う．
- 血液 - 前立腺関門を通過し，感受性試験の結果に合致する抗生物質を投与する．
- 急性症で 2～3 週間，慢性症では最低でも 8 週間投薬を続ける．

## 102. 前立腺腫瘍

**排便障害**（排便回数の増加，しぶり）
**便　秘**
血　便
血　尿
排尿障害
粘液便
包皮に尿道からの分泌物付着
尿失禁
腹部痛
背弯姿勢
強直性歩行
発　熱
食欲低下
元気消失
嘔　吐

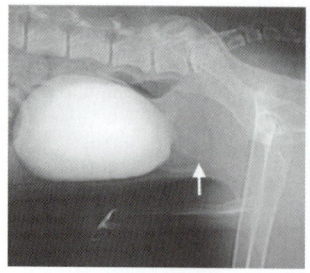

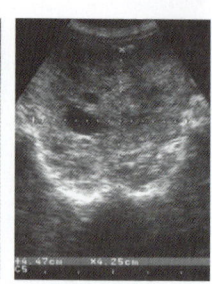

前立腺癌の腹部X線像（左：膀胱内に造影剤を注入）ならびに前立腺の超音波画像（右）．著明に腫大した前立腺（矢印）の内部は，超音波検査ではまだら状を呈しており，様々な大きさの囊胞形成を伴っている．雑種/13歳/雄．

### 診断のポイント

- 未去勢の高齢犬に発生するが，去勢済みの犬にもまれにみられる．
- 腺癌が一般的で，肺，椎骨，腰下リンパ節などに転移しやすい．
- 直腸検査により前立腺の腫大，正中縫線の消失，非対称性，非可動性，疼痛，血様の尿道分泌物が認められる．
- X線検査では，前立腺の非対称性腫大，付属リンパ節の腫大，前立腺内部への石灰沈着，尾側腰椎腹側部の骨膜性増殖などが認められる．また，逆行性尿道膀胱造影で前立腺尿道部や膀胱頚部の圧迫像や狭窄像が認められることがある．
- 超音波検査では，非対称性に腫大した前立腺内で高エコー域と低エコー域とが不規則なモザイク像を形成している．
- 血液検査で特異的な所見は見いだされないが，転移臓器によっては血清化学検査値に異常が認められることがある．

### 確定診断

- 前立腺マッサージによる採取液や同部位洗浄液の細胞診を行う．

- 経皮的穿刺吸引細胞診.
- 射出精液の細胞診.
- 試験開腹術による直視下での前立腺の生検. 同時に腰下リンパ節の生検も行い転移の有無を確認する.

### *治療のポイント*

- ほとんどの例が悪性であるため予後は期待できない.
- 前立腺全摘出術.
- 化学療法, 放射線療法での有効なプロトコールの報告は乏しい.
- 姑息的対症療法.

# Capter 7
# 生殖器系疾患

# 103. 卵巣嚢胞

無症状
発情行動
無発情
外陰部の腫脹
外陰部からの血様分泌物
不規則な発情周期（嚢胞が著しく拡大した場合）
食欲低下
腹囲膨満

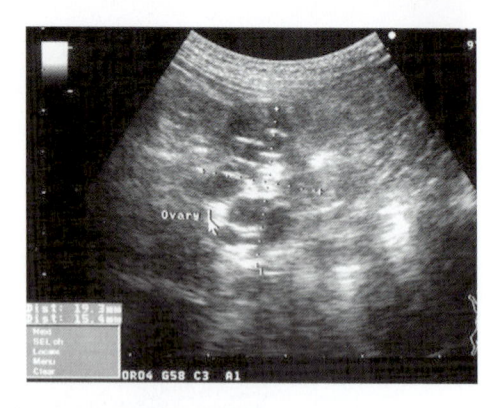

**卵胞性嚢胞の超音波画像．**卵巣内にはエコーフリーを呈する様々な大きさの嚢胞状構造が多数形成されている．シー・ズー/15歳/雌.

### 診断のポイント

- 卵巣嚢胞には卵胞性嚢胞，黄体性嚢胞，表層上皮封入嚢胞，卵巣網嚢胞の4つのタイプがある．
- 高齢犬に多発する．
- X線検査にて偶発的に発見されることが多い．腎臓の尾側に片側性または両側性のマス陰影を認める．
- 超音波検査にて，無エコーの嚢胞像を1個ないし多数有する卵巣を認める．
- 卵胞性嚢胞では高血中エストラジオール値を認めることがある．

### 確定診断

- 摘出卵巣の病理組織学的検査．

### 治療のポイント

- 卵胞性嚢胞は2〜3か月以内に自然消失することがある．
- 人絨毛性ゴナドトロピンの投与により持続性の卵胞性嚢胞を黄体化させる．
- いずれのタイプの卵巣嚢胞に対しても，根治的には卵巣子宮全摘出術を行うのがよい．

# 104. 卵巣腫瘍

無症状
外陰部の腫脹
乳頭肥大
外陰部からの血様分泌物
不規則な発情周期
脱毛
元気消失
食欲低下
嘔吐
出血傾向
貧血

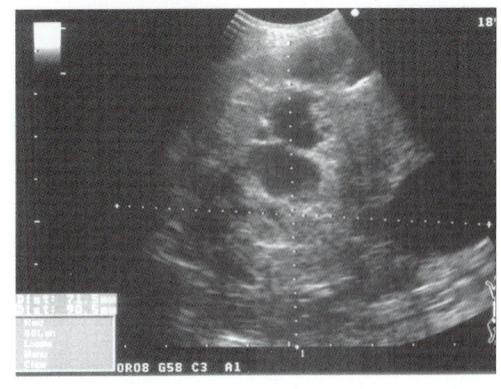

**卵巣・顆粒膜細胞腫の超音波画像.** 充実性の腫瘍組織と嚢胞状構造とが混在している. 柴/14歳/雌.

## 診断のポイント

- 卵巣腫瘍には上皮性腫瘍 (癌腫), 胚細胞腫瘍 (未分化胚細胞腫, 奇形腫), 性索/間細胞性腫瘍 (顆粒膜細胞腫, セルトリ・ライディッヒ細胞腫, 莢膜細胞腫, 黄体腫) などがある.
- X線検査にて, 腎臓の尾側に片側性または両側性のマス陰影を認める.
- 超音波検査にて, 無エコーの嚢胞像を1個ないし多数有する卵巣を認める.
- 腹腔内貯留液の細胞診.
- 機能性の顆粒膜細胞腫では高血中エストラジオール値を認めることがある.

## 確定診断

- 試験開腹による卵巣の生検.
- 摘出卵巣の病理組織学的検査.

## 治療のポイント

- 卵巣子宮全摘出術.
- 化学療法.
- 放射線療法.

# 105. 停留精巣

**無症状**
生殖機能の低下

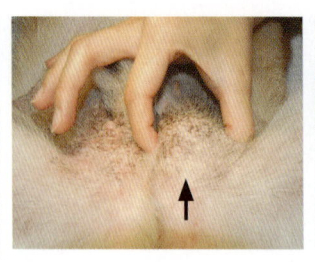

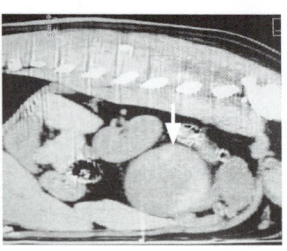

鼠径部（左：臨床像）および腹腔内（右：CT画像）の停留精巣．鼠径部の停留精巣（黒矢印）は精細胞腫（セミノーマ）に，そして腹腔内の停留精巣（白矢印）はセルトリ細胞腫に罹患していた．左：柴/13歳/雄，右：ゴールデン・レトリーバー/8歳/雄．

## 診断のポイント

- ヨークシャー・テリア，ポメラニアン，ミニチュアおよびトイ・プードル，チワワなどの小型犬に多い．
- 精巣が陰嚢内に下降していない状態を指す．多くは片側性であるが，両側性の場合もある．
- 停留部位は腹腔内もしくは鼠径部である．
- 精巣は通常生後3週間までに陰嚢内へ下降するので，これ以降の月齢で陰嚢内に存在しない場合は，停留精巣である可能性が極めて高い．
- 片側性の停留精巣の場合，左右どちらが停留しているかを見極めるには，下降している陰嚢内の精巣を鼠径部に押しもどし，左右いずれに収まるかを調べれば容易に判断できる．

## 確定診断

- 去勢歴の否定．
- 陰嚢の触診．
- 停留精巣の確認．鼠径部であれば触診により確認可能である．腹腔内の場合にはX線検査や超音波検査を行うが，停留精巣は未発達/萎縮しているためサイズが小さく，確認できないことがほとんどである．いっぽう，中年齢〜高齢犬では停留精巣が腫瘍化して大型〜巨大な腫瘤を形成することも多い．

## *治療のポイント*

- 去勢手術．遺伝する可能性があるため繁殖には不適である．さらに停留精巣の腫瘍化率は高いため，早期に実施することが望ましい．
- 腹腔内停留の場合には，開腹手術が必要となる．
- 若齢時にゴナドトロピンを投与することで陰嚢内に下降したとの報告がある．

# 106. 精巣炎 / 精巣上体炎

**精巣の疼痛，腫大，硬化**
発　熱
食欲低下
元気消失

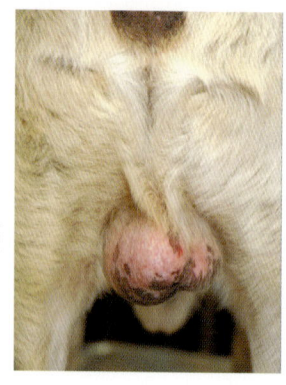

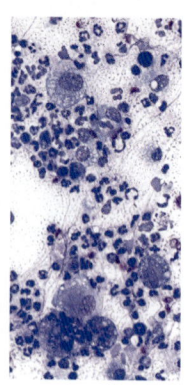

精巣炎 / 精巣上体炎の臨床像（左）ならびに穿刺吸引細胞診（右）．左側の精巣および精巣上体が著しく腫大しており，精巣の穿刺吸引細胞診ではおびただしい数の好中球と多数のマクロファージが観察される．ビーグル /5 歳 / 雄．

## 診断のポイント

- 精巣と精巣上体は隣接した組織なので，同時に炎症が起こることが多い．
- 咬傷や陰嚢皮膚炎などからの細菌感染に起因するものが多いが，繁殖用のコロニーでは Brucella canis が原因になることがある．また，イヌジステンパーウイルスも炎症を引き起こす．
- 打撲などの外傷性因子も原因となる．
- 精巣および精巣上体の触診により疼痛，腫大，硬化などを確認する．
- CBC にて白血球の増加を認める．

## 確定診断

- 去勢歴の否定．
- 血清凝集反応により Brucella canis 感染を証明する．
- 精液検査．
- 精巣および精巣上体の生検により腫瘍と炎症との鑑別を行う．
- 摘出した精巣および精巣上体の病理組織学的検査．

## 治療のポイント

- 精巣への移行性のよい抗生物質を投与する．必要に応じて消炎剤，鎮痛剤の投与も同時に行う．
- 繁殖目的がない場合や去勢することによる弊害がないときは，精巣および精巣上体の摘出を行う．

# 107. 精巣腫瘍

**精巣形態の異常**
雌性化症状
脱　毛
色素沈着
性欲の減退
前立腺肥大に随伴する各種症状
出血傾向
貧　血
陰嚢のむくみ

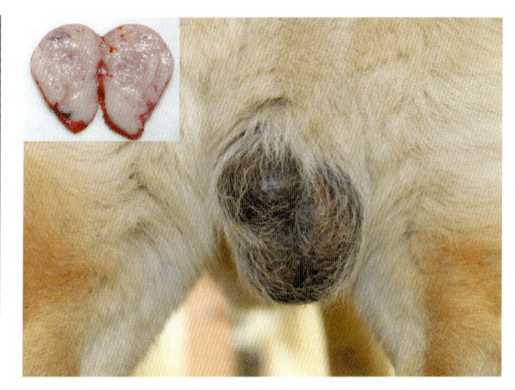

精巣腫瘍の臨床像と摘出した精巣の割面（挿入図：精細胞腫）．右側の精巣が著しく腫大している．精巣の内部は髄様の腫瘍組織によって完全に置換されている（挿入図）．雑種/15歳/雄．

## 診断のポイント

- 精巣腫瘍のほとんどは，精細胞腫（セミノーマ），間細胞腫（ライディヒ細胞腫），セルトリ細胞腫である．
- 10歳前後に多く発生する．
- 左右両側の精巣に発生することが多い．
- 停留精巣での腫瘍発生率は，正常の精巣に比較して13.6倍高い．
- ボクサーを含め停留精巣の発生率の高い犬種に精巣腫瘍も起こりやすい．
- 陰嚢内精巣の場合には，硬さ，大きさ，左右の対称性，辺縁構造などを触診する．
- 停留精巣罹患例において下腹部に腫瘤塊が触知された場合には，腫瘍化した精巣である可能性が高い．
- 高血中エストロジェン値．
- X線検査．
- 超音波検査．

## 確定診断

- 精巣の生検.
- 摘出した精巣の病理組織学的検査.

## 治療のポイント

- 腫瘍化した精巣の摘出術．両側性に発生していることが多いので左右ともに摘出する．
- 高エストロジェン血症に伴う骨髄抑制によって血小板減少症や貧血を随伴していることがあるため，術前に必要な対処をしておく．
- 精細胞腫とセルトリ細胞腫では10％程度に転移が認められるため，術前にその検査もあわせて行う．
- 化学療法の併用．
- 人では精細胞腫の転移巣は，放射線治療に感受性が高いとされるが，犬での評価はまだ確立されていない．
- 術後は転移のモニターを定期的に行う．好発転移部位は付属リンパ節，肝臓，肺である．

# 108. 子宮蓄膿症

**外陰部からの膿性分泌物**
**腹囲膨満**
外陰部の腫脹
元気消失
食欲の低下・廃絶
多　飲
多　尿
嘔　吐
下　痢
発　熱
脱　水
虚　脱

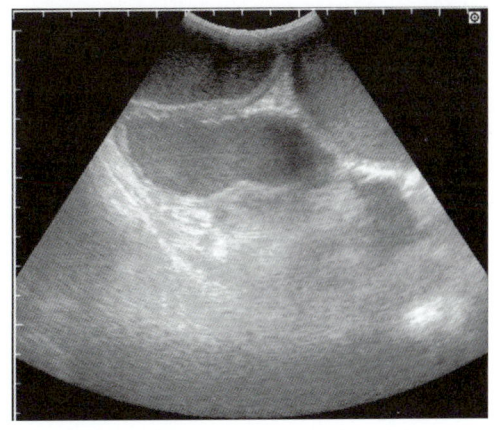

**子宮蓄膿症の超音波画像.** 液状物の貯留により内腔が著しく拡張した子宮が明瞭に描出されている. パピヨン/9歳/雌.

## 診断のポイント

- 高齢犬に好発する.
- 発情後に発生する.
- エストロジェンやプロジェステロン製剤の投与歴.
- 不規則な発情周期.
- CBCにて，左方移動を伴う白血球増加症や軽度の非再生性貧血が認められる．また，高蛋白血症を認めることも多い．
- X線検査にて，拡大した子宮陰影が確認される．子宮穿孔や卵管からの膿汁逆流がある場合には腹膜炎所見を認める．
- 超音波検査にて，子宮内に液体貯留を示唆する低エコー像が認められる．
- 頚管開放性の蓄膿症では外陰部からの膿性分泌物を認めるが，頚管閉鎖性の蓄膿症では認めない．

## 確定診断

- 頚管閉鎖性の蓄膿症では，触診とX線検査にて拡大した子宮を確認し，超音波検査にて妊娠との鑑別を行う．

- 頸管開放性の蓄膿症では，外陰部に付着した分泌物の細胞診や細菌の培養検査を実施する．超音波検査にて子宮内液体貯留が確認されるが，十分排膿した例ではX線検査で子宮陰影が確認できないこともある．

## 治療のポイント

- 卵巣子宮全摘出術．
- 繁殖に供する犬ではプロスタグランジン $F_{2a}$ 療法を行い，頸管を弛緩させて排膿を促す．しかし，様々な副作用がみられるとともに再発率も高いため，根治療法にはならない．
- 輸液療法，抗生物質の投与などで全身状態の改善をはかる．

# 109. 子宮脱

**外陰部から脱出した子宮**
外陰部をなめる
背弯姿勢
犬座姿勢を嫌う
下腹部痛
元気消失
食欲低下
発　熱

## 診断のポイント

- 分娩後に発生する．特に難産がその誘因となることがある．
- 分娩誘発のための子宮収縮剤の過剰投与が原因となることがある．
- 外陰部から脱出している場合は視診にて診断可能である．
- 腟脱との鑑別には，外陰部から指を挿入して腟壁を確認する必要がある．腟壁が存在すれば子宮脱である．
- 不完全な部分脱出の場合には，脱出した子宮体部が腟内に存在するので腟鏡による詳細な観察が必要である．
- 腹部X線検査で腹膜炎など合併症の有無を確認する．

## 確定診断

- 外陰部から脱出した反転子宮を確認する．
- 腟鏡により腟内を観察する．
- 試験的整復を試みて，脱出物が腟であるか子宮であるかを確認する．腟や子宮でなければ腟腫瘍が疑われる．

## 治療のポイント

- 脱出して間がなく組織の損傷が軽度であれば，用手法にて整復を試みる．その際，表面平滑な試験管やシリンジの利用が効果的である．
- 用手法での整復が成功しなかった場合には，ただちに開腹手術により整復する．
- 再発防止のため子宮固定術を併せて行う．
- 脱出後かなりの時間が経過して組織損傷が著しい場合には，整復ののち卵巣子宮全摘出術を行う．
- 損傷のために外陰部からの整復が困難な場合は，開腹して整復を試みるか，脱出組織を切離・止血したのち開腹して卵巣子宮全摘出術を行う．

# 110. 腟炎

**外陰部からの分泌物**
外陰部をなめる
頻　尿

## 診断のポイント

- 1歳未満の若齢犬にしばしば発生する（若齢性腟炎）.
- 腟の感染症が原発性疾患として生じる場合と，生殖器異常や子宮および尿路感染症の続発性疾患として起こる場合とがある.
- 腟内を内診および触診し，先天性異常の有無や異物の存在，腫瘍の有無を確認する.
- 発情周期に伴う分泌や分娩後の分泌など生理的な原因とを鑑別する.
- 犬ヘルペスウイルスの感染が腟炎の原因になることがある．腟の粘膜上皮に濾胞性病変を形成し，発情前期に繰り返し発症する.

## 確定診断

- 腟分泌物の細胞診.
- 腟分泌物の細菌培養および感受性試験．正常犬でも腟内には細菌が存在するので，常在菌の菌量増加や菌種を指標にする.
- 続発性腟炎の場合には，原疾患を的確に診断する必要がある.
- 頚管開放性の子宮蓄膿症との類症鑑別を必ず行う.
- X線検査．腟造影を行い，腟前庭から頚管部の形態所見と造影剤の子宮への逆流を観察する．逆流が確認されたときは子宮疾患が疑われる.

## 治療のポイント

- 若齢性腟炎は最初の発情を迎えると自然治癒する.
- 原疾患の治療を行う.
- 細菌感染に対し，感受性試験の結果に基づいて抗生物質の全身投与を行う.
- 腟洗浄を行う．ポビドンヨードやクロルヘキシジングリコネートを適当な濃度で使用し，1日に2～3回実施する.
- 腟分泌物が認められなくなった後もさらに1～2週間の全身投与と腟洗浄を継続するのが望ましい.
- ウイルス性腟炎に対する特異的な治療法はない．腟洗浄などの対症療法は行うが，繁殖に供しないことが重要である.

# 111. 腟肥厚および腟脱

**外陰部からの組織塊の突出**
外陰部をなめる
排尿困難
交尾行動を嫌う

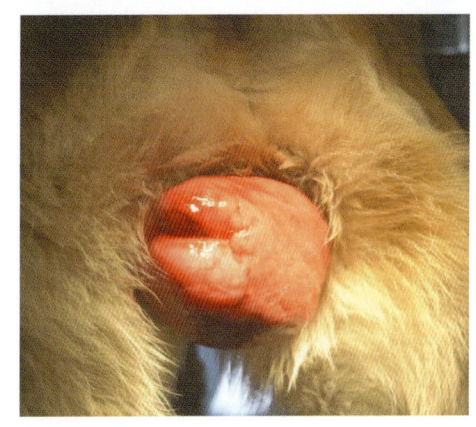

**腟脱の臨床像．** 浮腫性に腫脹した腟が外陰部より脱出している．ラブラドール・レトリーバー/3歳/雌．

## 診断のポイント

- 発情期に発生する．エストロジェンの増加に伴う腟粘膜の過剰反応．
- 腟肥厚は浮腫によるものであり，進行すると外陰部から脱出して腟脱の状態になる．
- 若齢の大型犬に発生が多い．
- 発情が終了すると自然消退するが，しばしば発症を繰り返す．

## 確定診断

- 腟腫瘍との鑑別が必要である．腫瘍の場合には，硬固感のある腫瘤が発情周期とは無関係に認められ，腟内への整復は不可能である．腟脱では弾力感のある組織塊が突出しており，腟内への整復は可能である．最終的には生検によって判断する．
- 発生部位は通常，尿道口より前部である．
- 発情期に関連して発生していること．

### *治療のポイント*

- 軽度の肥厚であれば，発情の終了後に自然消失するのを待つ．
- 再発防止のために卵巣子宮全摘出術を行う．
- 肥厚が著しくて脱出しているときは，その程度や脱出組織の状態によって内科療法，外科療法を選択する．
- 内科療法は，排尿障害がなく脱出組織も小さく，大きな損傷がない場合に選択される．乾燥を避けるために患部を湿潤に保ち，抗生物質の外用薬を塗布する．必要に応じて全身投与も行う．ホルモン療法は効果がないとされる．
- 外科療法は，脱出組織が大きく損傷も重度で，排尿障害をきたしている場合に選択される．脱出組織を切除したのち腟内に還納させ，外陰部に一時的に支持縫合を施し再脱出を防止する．切除の際は，尿道を傷付けないように注意する必要がある．

## 112. 腟腫瘍

外陰部からの組織塊の突出
排尿困難
外陰部をなめる
腟分泌物
排便困難あるいは便秘
会陰部の腫脹

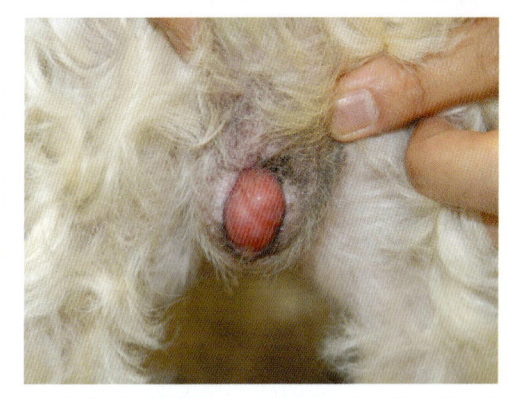

**腟・線維腫の臨床像．**表面平滑な有茎性腫瘤が外陰部より突出している．マルチーズ/11歳/雌．

### 診断のポイント

- 良性腫瘍が多く，中でも平滑筋腫の発生頻度が高い．線維腫がそれに次ぐ．
- 悪性腫瘍としては，平滑筋肉腫，扁平上皮癌，血管肉腫，肥満細胞腫などの発生がみられる．
- 発症平均年齢は10～11歳である．
- 多くの場合，外陰部および会陰部に外観異常が生じ，飼い主が気づき，受診するため，視診と腟の内診により診断が可能である．
- X線検査．必要に応じて腟造影を行う．
- 初期病変は無症状で外観的変化をきたさないので，避妊手術時などに偶発的に発見されることが多い．
- 腟肥厚や腟脱との鑑別が必要である．これらの非腫瘍性病変は，発情周期に関連して発生する柔軟性から弾力性のある腫瘤で，腟内への整復が可能である．腫瘍の場合には硬固感がある無茎性の腫瘤状病変を形成し，腟内へ整復することはできない．
- 発情期に関連して発生することはなく，自然退縮することもない．

### 確定診断

- 腫瘍の細胞診や病理組織学的検査による．

### 治療のポイント

- 良性腫瘍であれば外科的に切除する．特に平滑筋腫の場合には，卵巣子宮全摘出術を併せて実施することで再発率を低下させる．
- 悪性腫瘍の場合には，可能な限り外科的に切除し，化学療法，放射線治療なども考慮に入れる．

## 113. 亀頭包皮炎

> 包皮先端や陰茎をなめる
> 包皮内からの血様ないし膿性分泌物
> 包皮を痛がる
> 排尿痛

**亀頭包皮炎の臨床像.** 発赤・腫脹した包皮の開口部に化膿性の分泌物が付着している. 雑種 /6 歳 / 雄.

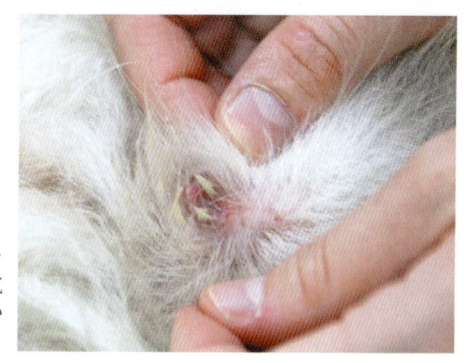

### 診断のポイント

- 細菌感染によるものが最も多いが，ヘルペスウイルスやカンジダなども原因となる.
- 異物や外傷が二次的要因になる.
- 包皮内より陰茎を露出させて精査する.
- 重度になると包皮全体が腫脹する.
- クッシング症候群など，免疫力低下時に合併症としてみられることがある.
- ごくわずかな分泌物のみで自覚症状がなく悪化することもなければ，生理的なものと判断し，正常範囲内の包皮炎と見なす.

### 確定診断

- 肉眼的所見による.
- 細菌培養により起因菌の同定を行う. 常在細菌の多い部位なので，判定が困難なこともある.
- カンジダの培養検査.

### 治療のポイント

- 包皮洗浄. クロルヘキシジンやポビドンヨードによる洗浄を1日に2回行う. 異物が存在する場合には，十分な洗浄を繰り返し行う.
- 感受性試験の結果に応じた抗生物質や抗真菌剤の全身投与と包皮内への局所投与を行う.
- 炎症が著しい場合には，陰茎と包皮が癒着することがあるので，毎日，陰茎を露出するなどして癒着を防止する.

生殖器系疾患

# 114. 可移植性性器腫瘍

> 包皮内，陰茎，外陰部，腟内などの外生殖器にカリフラワー状の腫瘤を認める
> 包皮内や腟内からの臭気の強い分泌物
> 患部をなめる
> 口唇，口腔内，鼻腔内などにも発生する

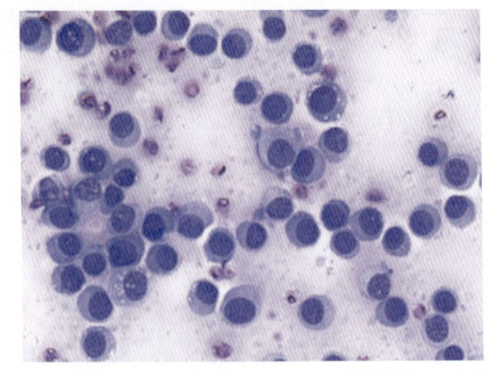

**可移植性性器腫瘍のスタンプ標本．** 腟および外陰部に形成されたカリフラワー状増殖性病変のスタンプ標本では，中型～大型で明瞭な核小体を1個もった円形核と淡青染する類円形～卵円形胞体（しばしば微小空胞を入れる）を有する様々な大きさの遊離細胞が観察される．雑種/3歳/雌．

### 診断のポイント

- 放し飼いの犬がいる地域や自由な交配を繰り返すコロニーでの発生が多い．
- 性的接触が最も重要な伝播経路である．
- 肉眼所見．単発ないし多発性の分葉した典型的なカリフラワー状腫瘤が観察される．表面脆弱で出血しやすく，壊死を伴うことも多い．
- 発生部位による鑑別．外生殖器が最も多く，次いでそれを舐めることで口吻から口腔内へ移植される．

### 確定診断

- 核型分析による染色体数の計測．犬の染色体数は78であるが，可移植性性器腫瘍の染色体は59±5なので明らかに異なる．
- 生検材料あるいは切除組織の病理組織学的検査．

### 治療のポイント

- 外科的切除．再発がみられるため切除だけでは不十分である．

- 凍結手術.
- 放射線療法．この腫瘍細胞は放射線感受性が高く，1回の照射でも治療効果は十分に期待できる．
- 化学療法．ビンクリスチンの有効性が認められている．
- 壊死部が感染をきたすため，抗生物質や抗真菌剤の全身投与と包皮や腟内への局所投与を行う．
- 腫瘍の伝播を防ぐため，罹患動物は繁殖に供さず，他犬との接触を避ける．

# 115. 偽妊娠

発育した乳腺
母性行動
乳汁分泌
食欲変化
性格変化

**偽妊娠症例（発情後8週）の乳腺・臨床像.** 左右の乳腺が著明に腫脹し，右側第4乳頭からは乳汁が漏れ出ている（矢印）. ミニチュア・ダックスフンド/8歳/雌.

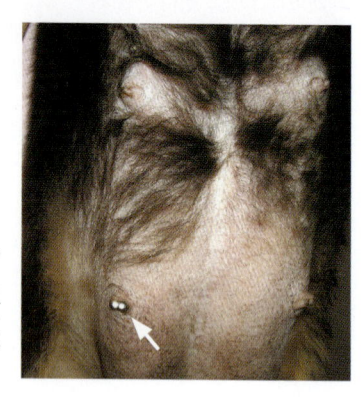

## 診断のポイント

- 妊娠していないことを確認する.
- 卵巣子宮全摘出術を受けていないことを確認する.
- 発情後6～14週に発現する.
- 上記の条件のもとで乳腺の発育をみる. 時に乳汁分泌を伴い，巣作り行動をとったり，ぬいぐるみなど子犬に見たてられるようなおもちゃに執着したりする. また，攻撃性をおびる，あるいはそれとは対照的に非常に友好的になるなどの性格変化がしばしばみられる.
- 卵巣子宮全摘出術を実施してまもなく偽妊娠になることがある.
- 厳密にいうと，すべての雌犬は発情後に偽妊娠のステージを有する. しかし，明らかな臨床徴候として現れる個体は少ない.
- 発情の度毎に繰り返し偽妊娠になる個体が多い.

## 確定診断

- 臨床症状より行う.

## 治療のポイント

- 無処置.
- 攻撃性をおびたり，乳腺の発育が過度であったりした場合には，抗プロラクチン製剤（カベルゴリンなど）や性ステロイド製剤（プロジェストージェン，エストロジェン/テストステロン併用など）で治療する.
- 無発情期に卵巣子宮全摘出術を実施する. 偽妊娠状態のときに行ってはいけない.

# 116. 乳腺炎

乳腺の熱感，腫脹，
発赤，硬結，疼痛
発熱
元気消失
食欲不振

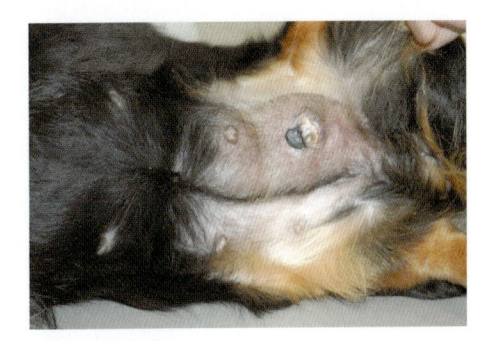

**乳腺炎の臨床像．** 左側の第 3 〜第 5 乳腺部が発赤・腫脹し，膿性乳汁の分泌がみられる．ミニチュア・ダックスフンド / 6 歳 / 雌．

## 診断のポイント

- 授乳期の乳腺に何らかの原因で細菌感染が起こって発生する．
- 乳腺（乳房）の肉眼所見によって判断する．
- 単一の乳腺（乳房）が罹患することが多いが，同時に複数の乳腺（乳房）がおかされることもある．
- 偽妊娠により発達した乳腺には通常発生しない．
- 疼痛のため授乳を嫌うことがある．
- 罹患乳腺からの乳汁を摂取した新生子に下痢などの症状がみられることがある．

## 確定診断

- 乳汁のグラム染色による菌体の証明．
- 乳汁の細菌培養検査と感受性試験．

## 治療のポイント

- 抗生物質の投与．その際，乳汁移行に優れ，新生子への安全性が確認されているアモキシシリンやセファロスポリン系などの薬剤を第一選択とする．
- 罹患乳腺（乳房）からの授乳を一時中止する．
- 温湿布を行い，人工的に乳汁を搾って腫脹を軽減させる．
- 乳腺内に膿瘍が形成された場合には，切開・排膿が必要となる．

# 117. 乳腺腫瘍

乳腺部に発生する腫瘤

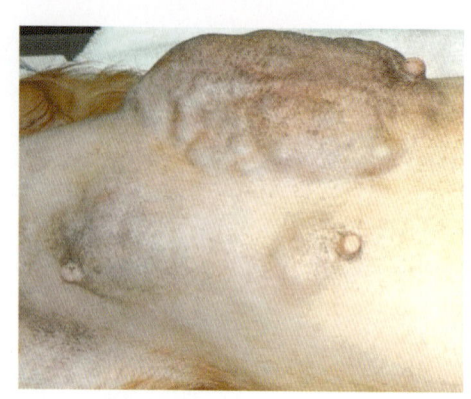

**乳腺腫瘍（複合乳腺腫：良性）の臨床像．** 左側の第1〜第2乳腺部，右側の第1および第2乳腺部に凹凸不整な腫瘤状病変の形成が認められる．ミニチュア・ダックスフンド/10歳/雄．

## 診断のポイント

- 高齢の雌犬に最も多くみられる腫瘍で，6歳以降に発生率が著しく増加する．雄での発生はほとんどみられない．
- すべての犬種に発生するが，プードル，テリア種，コッカー・スパニエル，ジャーマン・シェパードでの発生率が高いとされる．
- 初回の発情前に卵巣子宮全摘出術を施された場合，乳腺腫瘍に罹患する危険性はほとんどなくなる．また，第4発情前または2.5歳未満で同処置を施された場合も，その危険性は低くなる．
- 腫瘍の発生部位が乳腺分布域と一致している．
- 一般に乳腺腫瘍は周囲組織との境界が明瞭な硬固感のある結節性の腫瘤である．皮膚への付着はしばしば認められるが，深部は体幹から遊離している．また，第4〜第5乳腺部での発生が多い．
- 乳腺腫瘍の50％は良性で50％は悪性とされる．
- 悪性の場合，腫瘍の深部が体幹に浸潤・固着し，皮膚表面の一部が自壊・潰瘍化していることがある．
- TNM分類を正確に行うことが，治療法の決定，予後の評価をする上で重要になる．特に悪性の場合，治療開始時の進行度が治療成績を大きく

左右する．

### *確定診断*

- 肉眼所見と触診により診断し，通常針生検は行わない．その理由は乳腺腫瘍の場合，得られたサンプルが必ずしもその組織の全体像を反映していないことが多いからである．しかし，脂肪腫や乳腺炎，肥満細胞腫と鑑別するためには必要となる．
- 切除された腫瘍の病理組織学的検査．
- 腋窩や鼠径リンパ節が腫大・硬結している場合には，針生検を実施する．

### *治療のポイント*

- 外科手術にて切除する．切除の方法は腫瘍の発生部位や発生数，悪性所見の有無などで変わる．腫瘤切除，単一乳腺切除，部分乳腺切除，片側乳腺全切除，両側乳腺全切除から選択される．
- 炎症性乳癌の場合，外科的切除は行わず，鎮痛や消炎処置，感染防止などの対症療法が主体となる．
- 悪性の場合，術後にドキソルビシンやシクロホスファミドなどを用いた化学療法が推奨されることもあるが，有効性に関して一定した見解は得られていない．
- 約5割の乳腺癌にエストロジェン受容体が存在するため，将来的には抗エストロジェン療法の有効性が期待されている．
- 乳腺癌の予後に対する卵巣子宮全摘出術の明らかな有効性は知られていない．しかし，将来予想される卵巣子宮疾患への対処として必要になる場合はこの限りでない．

生殖器系疾患

# Capter 8
# 血液・リンパ系疾患

# 118. 免疫介在性溶血性貧血

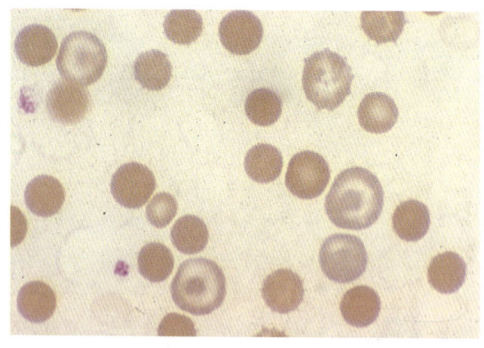

食欲不振
元気消失
虚　弱
可視粘膜の蒼白
黄　疸
呼吸促迫
嘔　吐
下　痢
運動不耐性
肝脾の腫大
リンパ節腫大

**免疫介在性溶血性貧血の赤血球像．** セントラルペーラーを欠いた円形で小型の濃染赤血球（球状赤血球）が多数出現している．

## 診断のポイント

- すべての犬種に発生する可能性があるが，特にオールド・イングリッシュ・シープドッグ，コッカー・スパニエル，プードル，アイリッシュ・セターなどに好発する．
- 雌犬に多発する．
- 正常な赤血球膜抗原に対する抗体の産生によって起こる貧血であり（原発性自己免疫性溶血性貧血），いくつかの原因疾患が考えられる（自己免疫性溶血性貧血，全身性エリテマトーデス，新生子抗体依存性溶血症など）．病原性因子などの関与により変化した赤血球膜抗原に起因するものもある（続発性免疫介在性溶血性貧血）．
- 甚急性の経過から慢性の経過をたどるものまで様々である．
- 治療は生涯続けなければならず，またその間に再発することもある．

## 確定診断

- CBCで貧血がみられる．
- 血液塗抹で30％以上の赤血球に球状赤血球が認められるが，30％以下でも凝集や溶血の状態で診断をすることもある．赤血球大小不同，多染性赤血球，有核赤血球が認められる．好中球の核の左方移動を伴った白血球増加症がみられる．

- 腹部の触診およびX線検査で肝臓および脾臓の腫大が認められる．
- 約6割のケースでクームス試験陽性を示す．
- 骨髄穿刺で赤血球系の過形成，非再生性では赤血球系の成熟停止や前駆細胞の減数，慢性のものでは骨随線維化がみられる．

## *治療のポイント*

- 症状が安定するまで安静を保つ．
- 重篤な貧血に対しては，状態の改善のために輸血を行う．
- ステロイドの使用．
- その他の免疫抑制剤の使用（個体の状態に合わせて）．

# 119. 溶血性貧血（寄生性貧血・中毒性貧血）

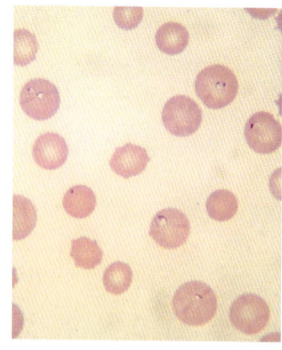

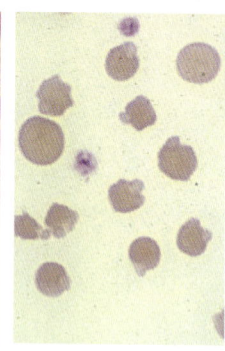

食欲不振
元気消失
虚　弱
可視粘膜の蒼白
黄　疸
呼吸促迫
嘔　吐
運動不耐性
肝脾の腫大

**バベシア症例（左）およびハインツ小体性溶血性貧血症例（右）の赤血球像．** 多くの赤血球内に円形～楕円形の原虫（*Babesia gibsoni*）が寄生している（左）．ハインツ小体はドーム状の突起物として赤血球表面に認められる（右）．

### 診断のポイント

- 溶血を引き起こす代表的な感染性因子である *Haemobartonella canis*, *Babesia canis* や *B. gibsoni* が赤血球に寄生する．
- ハインツ小体性溶血性貧血の原因であるハインツ小体の形成にかかわる化学物質，薬物，毒物にはメチレンブルー，タマネギ，ビタミン $K_3$, D,L-メチオニン，亜鉛中毒，プロピレングリコールなどがある．
- メトヘモグロビン血症やヘビ毒なども溶血の原因となる．

### 確定診断

- 血液塗抹上で寄生体あるいはハインツ小体を確認する．
- 中毒物質摂取の可能性を探る．
- 再生性貧血像を確認する．

### 治療のポイント

- 安静を保つ．
- 重篤な貧血に対しては，状態の改善のために輸血を行う．
- 原因物質，原因寄生体の確定と除去．

# 120. 急性リンパ芽球性白血病

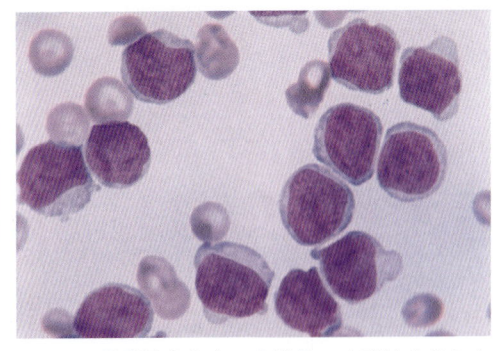

肝脾の腫大
リンパ節腫大
食欲不振
元気消失
点状出血
可視粘膜蒼白
多　飲
多　尿

**急性リンパ芽球性白血病の血液像．** 小型核小体をもつクロマチン結節に乏しい核と弱塩基性の狭い細胞質を有するリンパ芽球が多数出現している．

### 診断のポイント

- 中年齢〜高齢の犬に多く発生するが，品種による偏りはみられない．
- 雄に多く発生する傾向がある（3：2）．
- 腫瘍化したリンパ球が浸潤する臓器によって症状は異なる．
- 貧血や血小板減少がみられることもある．

### 確定診断

- CBC で白血球増加症が認められる．
- 血液塗抹上に前リンパ球あるいはリンパ芽球様の異常リンパ球が認められる．
- 骨髄検査で異常リンパ球の増殖が認められる．

### 治療のポイント

- 状態および貧血の程度によっては輸血．
- 化学療法．

# 121. 急性骨髄性白血病

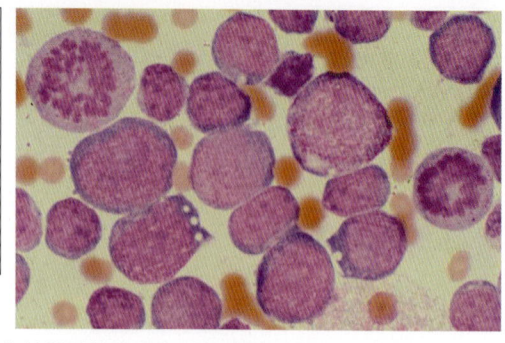

肝脾の腫大
リンパ節腫大
食欲不振
元気消失
沈うつ
可視粘膜蒼白
時に点状出血
発　熱
嘔吐・下痢

**急性骨髄性白血病の骨髄像.** 骨髄中に幼若顆粒球（骨髄芽球，前骨髄球，骨髄球）が多数出現している．

## 診断のポイント

- CBC では，重度の非再生性貧血と血小板減少，総白血球数の増加が認められる．
- 血液塗抹上に異常な白血病細胞が認められるが，形態的に腫瘍性リンパ球との識別が困難な場合もある（骨髄球系，単球系，巨核球系，赤芽球系の増殖性疾患がある）．その場合には，ペルオキシダーゼ染色などによる細胞化学的染色，表面抗原検索を行うことで確定診断をする．
- 骨髄検査では骨髄芽球の比率の著しい増加（赤血球系以外の有核細胞の30％以上）が認められる．

## 治療のポイント

- 状態および貧血の程度によっては輸血．
- 化学療法（急性骨髄性白血病罹患犬では，化学療法への反応が期待できない場合が多い）．

# 122. 血小板減少症

**体表と粘膜の点状出血，斑状出血**
**血尿**
**鼻出血**
**メレナ**
**虚弱**
**虚脱**
**呼吸困難**

\*状態は原因と病期の進行度によって様々．

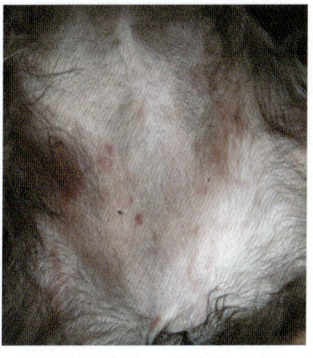

**血小板減少症の臨床像（左）および血液像（右）．**腹部皮膚に点状〜斑状の紫斑が認められる（左）．末梢血塗抹標本上に血小板を確認することができない（右）．

## 診断のポイント

- 原発性の免疫介在性血小板減少症はプードル，オールド・イングリッシュ・シープドッグなどに好発し，雌に比べて雄に多くみられる．
- 非免疫介在性血小板減少症はドーベルマン・ピンシャーに好発する．また，キャバリア・キング・チャールズ・スパニエルには大型血小板の出現を伴う無徴候性の特発性血小板減少症が認められる．
- CBCで血小板数を確認する．血液塗抹上での確認も必ず行う．
- 血小板の産生低下，血小板の消費亢進，血小板の隔離（分布異常），血小板の破壊亢進のどれが原因になっているかを鑑別する必要がある．
- 状況によっては骨髄穿刺で巨核球の存在を確認する必要がある．
- DICの原因疾患が存在する場合には，まず最初にDIC（血小板の破壊亢進）について評価する．DIC,出血(血小板の消費)，エンドトキシンショック，門脈高血圧，脾機能亢進症（いずれも血小板の隔離）が除外されれば，骨髄における産生低下，または末梢における破壊亢進（免疫介在性）が残る．この時点で，骨髄穿刺によって巨核球の存在を確認する．
- 脾腫や肝腫大を伴う場合には血小板の隔離が疑われる．
- 外傷による失血や薬物への曝露によるものでは，血小板の消費亢進が認められる．

- 腫瘍による二次性の免疫介在性血小板減少症も考慮する．
- 他の血球減少症や骨髄原発腫瘍細胞の出現がみられる場合には，骨髄における血小板の産生停止が疑われる．

## 治療のポイント

- 原因により異なる．
- 運動制限または安静．
- 状況に応じて新鮮血輸血．
- ステロイドその他の免疫抑制剤の投与．

# 123. DIC（播種性血管内凝固）

点状出血
静脈穿刺部位からの異常出血
各臓器からの異常出血
元気消失
原疾患に関連した諸症状

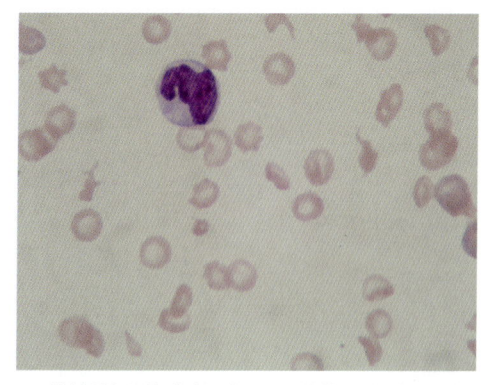

DIC（播種性血管内凝固）の血液像．末梢血塗抹標本上に血小板が認められないとともに，分裂赤血球の著明な増加を伴っている．

## 診断のポイント

- DICは重篤な全身性疾患に継発する（例えば悪性腫瘍，ショック，急性膵炎，熱中症，犬伝染性肝炎，敗血症，心不全，脾捻転，急性胃拡張‐胃捻転症候群，出血性胃腸炎，ヘビ毒中毒，血管内溶血，重度の火傷・挫滅傷など）．
- CBCで血小板減少症が認められる．また，分裂赤血球や左方移動を伴う成熟好中球増加症（まれに減少症）もみられる．
- 血液凝固プロファイルでは，PTおよびAPTTの延長，FDPの増加がみられる．

## 治療のポイント

- 原疾患の治療（可能ならば）．
- ヘパリンの投与．
- 新鮮全血輸血または新鮮凍結血漿輸血．

# 124. リンパ腫

リンパ節の腫大
肝脾の腫大
胸水・腹水の貯留
胸腔内腫瘤
腹腔内腫瘤
皮膚の結節状病変
沈うつ
食欲低下
体重減少
嘔　吐
下　痢
発　咳
嚥下障害
流　涎
努力性呼吸
運動不耐性

＊症例によってそれぞれの徴候はみられない場合もある．

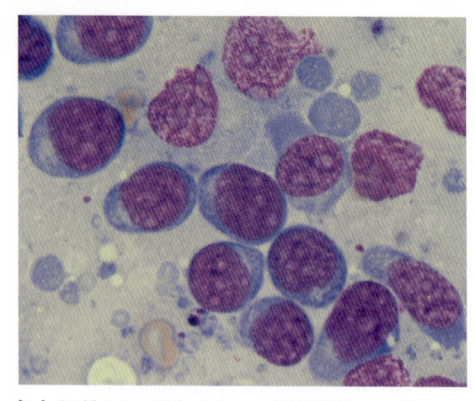

**多中心型リンパ腫のリンパ節細胞診．** 穿刺吸引細胞は，大小様々な核小体を数個もちクロマチン結節に乏しい類円形～卵円形核ならびに好塩基性の小型～中型胞体を有する胚中心芽細胞からなっている．

## 診断のポイント

- 中年齢～高齢の犬に好発し，性差は認められない．すべての犬種に発生するが，特にゴールデン・レトリーバー，ボクサー，セント・バーナード，バセット・ハウンドなどに多くみられる．
- 多中心型，消化器型，縦隔型，皮膚型，非リンパ節型の5つの病型に分類されるが，すべてに共通して認められる症状は沈うつ，食欲低下，体重減少である．
- 多中心型リンパ腫は体表リンパ節の腫脹を特徴としており，肝臓や脾臓の腫大あるいは腹水貯留による腹部膨満を伴うこともある．
- 消化器型リンパ腫は嘔吐，下痢，食欲減退を主徴とし，腹腔内腫瘤や顕著に肥厚した腸管ループを触知できることもある．
- 縦隔型リンパ腫では発咳，嚥下障害，流涎，努力性呼吸，運動不耐性などの症状がみられ，前縦隔部腫瘤や胸水の貯留が認められる．
- 皮膚型リンパ腫は単発性あるいは多発性の皮膚病変を形成する．同病変は初期には湿疹様の紅斑として認められるが，進行すると腫瘍様の結節

状病巣の様相を呈するようになる．
- 非リンパ節型リンパ腫は眼，中枢神経，腎臓，心臓，骨，鼻腔などに発生し，その症状は発生部位によって様々である．
- CBC で貧血，リンパ球の増加症あるいは減少症，異常リンパ球の出現，血小板減少症などが認められる．
- 血液化学検査で ALT や ALP 活性の上昇，高カルシウム血症などが認められる．
- 胸部 X 線検査で縦隔部の腫瘤形成，胸骨リンパ節や気管気管支リンパ節の腫大，胸水の貯留などが認められる．
- 腹部 X 線検査で腰下リンパ節や腸間膜リンパ節の腫大，腸管の腫瘤形成，腹水の貯留，肝臓や脾臓の腫大などが認められる．
- 超音波検査で腫大したリンパ節や結節状病変を描出できることがある．

### *確定診断*

- 細胞診あるいは組織診によって異常リンパ球の存在を確認する．

### *治療のポイント*

- 化学療法．
- 放射線療法．
- 腸管に接している場合は外科的切除後に化学療法．

# Chapter 9
# 皮膚疾患

## 125. イヌニキビダニ症（毛包虫症）

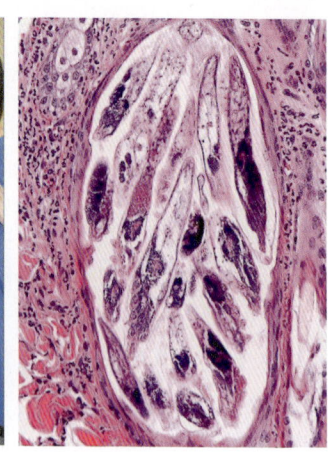

紅斑と落屑を伴う
脱毛
痂　皮
毛包炎
蜂窩織炎
膿　疱
軽度または無瘙痒
四肢と頭部の皮疹
苔癬化
色素沈着
脂漏症

**全身性イヌニキビダニ症の臨床像（左）および生検組織像（右）．**脱毛ならびに過度の色素沈着が全身性に認められる（左）．拡張した毛包内にはニキビダニが充満しており，周囲真皮内に炎症性細胞浸潤を随伴している（右：HE染色・中拡大）．柴/10歳/避妊雌．

### 診断のポイント

- 若年性と成犬性，局所性と全身性に分類される．
- イヌニキビダニ症は免疫不全状態あるいは皮膚に異常のある犬にみられる皮膚疾患で，成犬が発症することはまれである．
- 一般に局所性（落屑型）は幼若犬（3～6か月齢）に発生し慢性に，全身性（膿疱型）は成犬に発生し急性に進行する．
- 幼若犬の局所性イヌニキビダニ症はパグ，シー・ズー，フレンチ・ブルドッグなどの短頭種に好発する傾向がある．
- 局所性イヌニキビダニ症の場合，皮疹は頭部と四肢に多く発生し，90％の症例は6～8週間で自然治癒する．
- 成犬の全身性イヌニキビダニ症は，重篤な基礎疾患に随伴して発生することが多く，治療に反応しにくい．

## *確定診断*

- 病巣部の皮膚掻爬を行い，ニキビダニの虫体を検出する．一方，皮膚生検により初めて診断される場合もある．
- ごく少数のニキビダニが正常な皮膚や他の皮膚疾患に罹患している皮膚から検出されることがある．したがって，多数の成ダニが見いだされた場合，あるいは成ダニ，未成熟ダニ，卵のすべてが発見された場合にのみイヌニキビダニ症と診断される．

## *治療のポイント*

- 成犬－局所性や若年性の場合には，無処置で様子をみるか，抗生剤＋角質溶解性シャンプーまたはイベルメクチン 300 ～ 600 $\mu$g/kg（PO）を連日投与する．
- 成犬－全身性の場合には，アミトラズによる外用治療を行う．また，基礎疾患の治療が必要である．
- 二次性膿皮症に対しては，細菌培養を行い抗生物質を投与する．
- ミルベマイシンの投与．
- ドラメクチンの投与（600 $\mu$g/kg，週 1 回皮下注射）．

# 126. 浅在性膿皮症

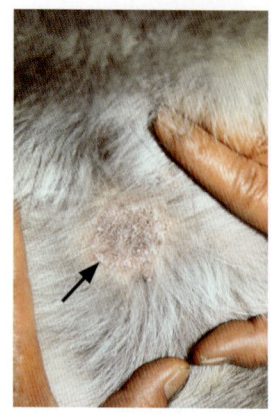

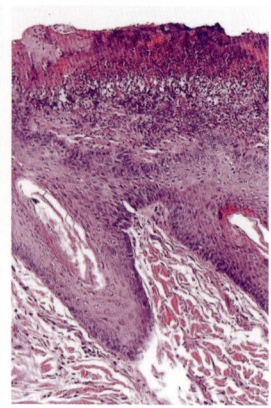

| |
|---|
| **膿　疱** |
| **紅　斑** |
| **瘙　痒** |
| **丘　疹** |
| **表皮小環** |
| びらん |
| 潰　瘍 |
| 瘻　管 |
| 色素斑 |

浅在性膿皮症の臨床像（左）および生検組織像（右）．皮膚には紅斑,脱毛,膿疱,痂皮がみられ,小環状に広がるリング状瘢痕様を呈している（左）．組織学的に痂皮でおおわれた膿疱が形成され,表在性膿疱性皮膚炎（膿痂皮）の形態をとっている（右：HE染色・中拡大）．

### 診断のポイント

- 浅在性膿皮症の多くは *Staphylococcus intermedius* 感染が原因で起こる．すべての犬種に発生するが，ゴールデン・レトリーバー，ジャーマン・シェパード，コッカー・スパニエル，オールド・イングリッシュ・シープドッグなどの長毛種に好発する傾向がある．
- アレルギー，皮膚角化異常，甲状腺機能低下症，クッシング症候群，イヌニキビダニ症，皮膚の真菌感染症，免疫異常などが誘因となり得る．

### 確定診断

- 病歴，症状および細菌検査からおおむね診断はつくが，場合によっては皮膚掻爬検査，細胞診，皮膚生検，CBC，血液化学検査，内分泌検査，アレルギー検査等を行い，基礎疾患の有無を明らかにする必要がある．

### 治療のポイント

- 剪毛，局所の消毒，全身の薬浴．
- 抗生物質の投与．
- 基礎疾患の治療．

# 127. アトピー性皮膚炎

瘙痒
紅斑
苔癬化
慢性または再発性皮膚炎
脱毛
痂皮
顔面の紅斑と口唇炎
外耳炎
結膜炎
二次性膿皮症
脂漏症
色素沈着
唾液による被毛の着色

**アトピー性皮膚炎の臨床像（左）および生検組織像（右）．** 顔面，特に眼の周囲に発赤と脱毛がみられる（左）．組織学的に不全角化を伴った表皮の軽度肥厚と海綿状態，表皮内へのリンパ球浸潤，真皮の浅層から中層にかけてのリンパ球を主体とした単核細胞ならびに肥満細胞の浸潤が認められる（右；HE染色・中拡大）．

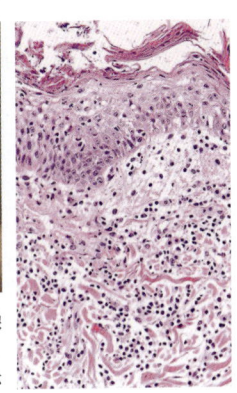

## 診断のポイント

- アトピー性皮膚炎は，アレルギー性皮膚疾患の中では2番目に多く，皮膚疾患の8〜30％を占める．好発部位は顔面，耳介，前胸部，腋窩部，鼠径部，肢端であり，瘙痒の強い疾患である．
- 皮疹は発赤，苔癬化，色素沈着のみである．
- 好発犬種としてはウエスト・ハイランド・ホワイト・テリア，柴，シー・ズー，ワイアーヘアード・フォックス・テリア，パグ，ゴールデン・レトリーバーなどがあげられる．
- 70％以上の個体が1〜2歳で発症する．発症には季節性，非季節性の両方があり，それらはアレルゲンに左右される．年齢とともに悪化することが多い．

## 確定診断

- 犬のアトピー性皮膚炎の診断基準は以下の通りである．
  A. 次の主要な事項のうち3つ以上を満たしていること．
   1. 瘙痒
   2. 顔と指の罹患

3. 足根部屈曲面や手根部伸展面の苔癬化
   4. 慢性あるいは長期再発性皮膚炎
   5. 個体あるいは家族のアトピー病歴
   6. アトピー好発犬種
 B. 次の副次的な事項のうち3つ以上を満たしていること．
   1. 3歳未満の発症
   2. 顔面の紅斑と口唇炎
   3. 細菌性結膜炎
   4. 表層性ブドウ球菌性膿皮症
   5. 多汗症
   6. 環境アレルゲンに対する即時型皮内反応陽性
   7. アレルゲン特異的 IgE の増加
 C. アレルゲンの特定．
   1. 皮内反応
   2. アレルゲン特異的 IgE の測定

## 治療のポイント

- 通常，根治は難しく，維持・管理が中心となることを飼い主に理解させる．
- アレルゲンの回避．
- 二次感染のコントロール．
- 減感作療法．
- 全身療法として糖質コルチコイド，抗ヒスタミン剤，EFA，シクロスポリンの投与．
- シャンプー，消毒，外用薬．
- イヌインターフェロン - γ の投与．
- 長期間の厳密なノミコントロール．

# 128. 皮膚糸状菌症

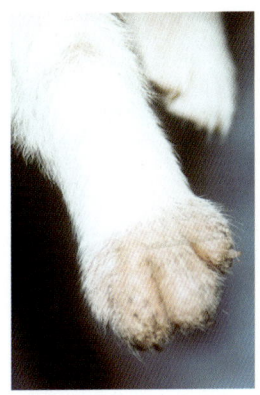

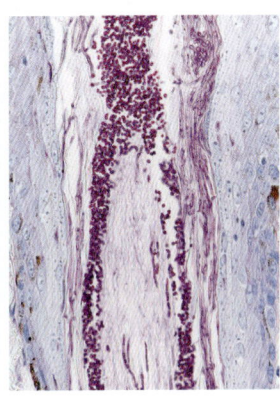

鱗　屑
脱　毛
痂　皮
軽度瘙痒
爪囲炎

**皮膚糸状菌症の臨床像および生検組織像.** 肢端に顕著な発赤と脱毛がみられる（左）．毛包内で毛幹にまとわり付くように増殖している菌糸が確認される（右：PAS染色・強拡大）．

## 診断のポイント

- 皮膚糸状菌症は，*Microsporum canis*, *Trichophyton mentagrophytes*, *M. gypseum* 等の感染による皮膚疾患で，1歳以下の若齢犬に多くみられる．皮疹は頭部および四肢に好発し，円形ないし類円形の特徴的な脱毛病巣を形成する．
- 感染力が強く，人の皮膚へも容易に感染する．
- 皮膚糸状菌症罹患動物との接触が感染の大きなポイントとなるが，胞子や菌糸はいたる所に存在しており，ブラシ，クシ，バリカンなどが媒介物となる場合がある．
- 多様な臨床像をとるが，通常は二次感染などがなければ痒みは認められないかきわめて軽微である．

## 確定診断

- ウッド灯検査で黄緑色の蛍光を発する陽性例は半数以下であるため，本法はあくまでもスクリーニング検査にすぎない．
- 被毛や鱗屑を10% KOH溶液やミネラルオイルで透過させて鏡検し，胞子あるいは菌糸を確認する．

- 診断を確定するためには，被毛や鱗屑を用いて真菌培養を実施する必要がある．確定が困難な場合には，皮膚生検を行い PAS 染色，GMS 染色などの特殊染色により真菌を確認する．

### 治療のポイント

- 全身療法としてグリセオフルビン，ケトコナゾール，イトラコナゾールの投与．
- ポピドンヨード，クロルヘキシジン，ミコナゾールなど抗真菌剤での薬浴．
- 飼育環境の清浄化．
- ステロイドは禁忌．

# 129. 疥癬（イヌセンコウヒゼンダニ症）

紅色小丘疹
痂　皮
激しい瘙痒
（非季節性）
鱗　屑

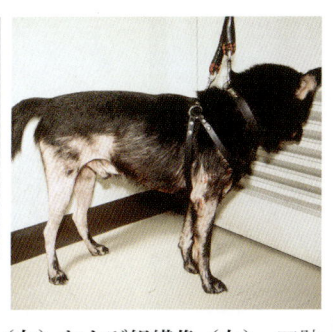

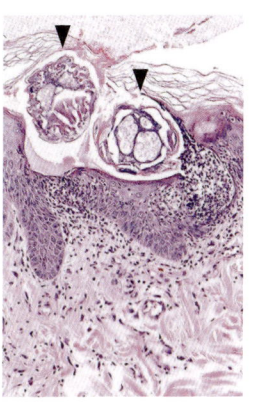

**疥癬の臨床像（左）および組織像（右）．** 四肢および体幹に広範な脱毛，落屑および苔癬が認められる．また，所々に紅斑，丘疹，痂皮の形成もみられる（左）．組織学的にイヌセンコウヒゼンダニ（矢頭）が角質層内にトンネルを形成し，表皮および真皮の浅層に好酸球を主体とした炎症性細胞の浸潤を惹起している（右：HE 染色・中拡大）．

### 診断のポイント

- イヌセンコウヒゼンダニの寄生による瘙痒の強い皮膚疾患で，季節や犬種特異性はみられない．患犬に接触した犬が罹患する．
- 皮膚の初発病巣は顔面，耳介，肘，膝，肢端など被毛の少ない部位に形成されるが，治療がなされないと最終的には全身に広がる．

### 確定診断

- ダニの虫体ないし虫卵の検出が必要であるが，感染したダニの数が少なかったり，潜在性の感染の場合には，耳や肘の複数の部位を掻爬する必要がある．
- 最終的には皮膚生検によって診断がなされる場合もある．また，糞便検査でダニが検出されることもある．

### 治療のポイント

- イベルメクチン 300 μg/kg，SC，週 1 回× 4．
- ミルベマイシン，セラメクチン，フィプロニルの投与．
- アミトラズによる全身薬浴．

# 130. 落葉状天疱瘡

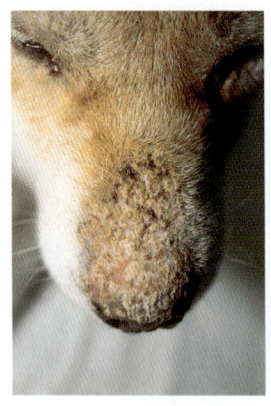

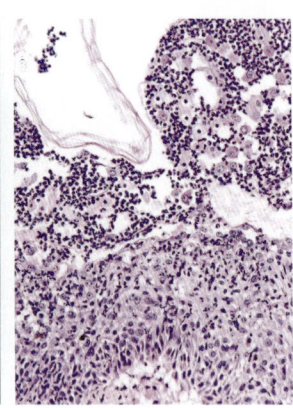

| 水　疱 |
|---|
| 膿　疱 |
| びらん |
| 潰　瘍 |
| 小　環 |
| 痂　皮 |
| 鱗　屑 |
| 角化亢進 |

**落葉状天疱瘡の臨床像（左）および生検組織像（右）.** 鼻梁に膿疱,びらん,痂皮形成ならびに角化亢進がみられる（左）.病巣部と健常部との境界部には,組織学的に表皮の角質層と顆粒層との間に非変性性の好中球からなる膿疱が形成され,その中に類円形～卵円形の棘隔解細胞が多数含まれている（右：HE染色・中拡大）.

## 診断のポイント

- 皮疹の好発部位は鼻梁,眼周囲,耳介,体幹,四肢で,病巣には膿疱,びらんおよび痂皮形成ならびに角化亢進が認められる.
- 4種類の天疱瘡の中では最も多くみられ,中年齢～高齢犬での発生が多い.好発犬種としては秋田犬,チャウ・チャウ,ダックスフンド,ビアデッド・コリー,ニューファンドランド,ドーベルマン・ピンシャー,フィニッシュ・スピッツ,シッパーキーなどがあげられる.
- 程度の差はあるが一般に瘙痒感を伴う.
- 肉球の角化亢進が進むと跛行を呈するものもみられる.

## 確定診断

- 病変部の細胞診,皮膚生検,蛍光抗体検査により行われる.
- 特に新鮮な水疱の細胞診（Tzanck標本）により,棘融解細胞ならびに好中球が認められる場合には天疱瘡が強く疑われ,皮膚生検を行う.

- 病理組織学的検査では，角質層下に棘融解細胞と好中球を含む膿疱がみられる．
- 直接蛍光抗体法では症例の 50 〜 90％が陽性所見を示すが，ANA 検査は一般に陰性である．

### *治療のポイント*

- 免疫抑制剤（プレドニゾロン，デキサメサゾン，シクロスポリン，アザチオプリン）の投与．
- 炎症抑制剤（レクチゾール，テトラサイクリン / ニコチン酸アミド）の投与．

# 131. 円板状エリテマトーデス

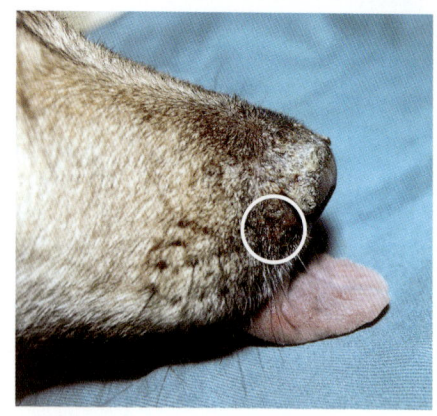

| |
|---|
| **紅　斑** |
| **水　疱** |
| **膿　疱** |
| **びらん** |
| **潰　瘍** |
| 痂　皮 |
| 色素脱失 |
| 脱　毛 |
| 鱗　屑 |

円板状エリテマトーデスの臨床像．鼻稜に脱毛，紅斑，びらん，色素脱失ならびに痂皮形成が認められる．

## 診断のポイント

- 本疾患はかつてコリーノーズと呼ばれていたものである．雌に好発する傾向があるが，年齢による偏りは認められない．
- 好発犬種としてはコリー，ジャーマン・シェパード，シェットランド・シープドッグ，シベリアン・ハスキー，アラスカン・マラミュート，チャウ・チャウなどがあげられる．
- 病変は通常，頭部皮膚，特に鼻陵，眼瞼周囲，口唇，耳介にみられ，脱毛，紅斑，色素脱失，びらんおよび痂皮形成からなる．瘙痒と疼痛の程度は様々であるが，軽度なことが多い．
- 日光（紫外線）に曝露されると症状が悪化する個体もみられ，慢性経過をとると扁平上皮癌に移行することもある．

## 確定診断

- 病歴，身体検査，皮膚生検および免疫組織化学的検査によってなされる．
- 病理組織学的検査では，表皮基底層の空胞変性，真皮上層におけるプラズマ細胞主体の帯状細胞浸潤がみられる．

- ANA 検査は通常陰性を示す.

### 治療のポイント

- 直射日光（紫外線）の回避（日焼け止めの使用）.
- コルチコステロイドの塗布および投与.
- （二次的な膿皮症に対しては）抗生物質の投与.
- ビタミンEの投与.
- テトラサイクリンとニコチン酸アミドの投与.

# 132. マラセチア皮膚症

```
強い瘙痒
全身性脂漏症
鱗屑（黄色，灰色）
紅 斑
苔癬化
丘 疹
色素沈着
```

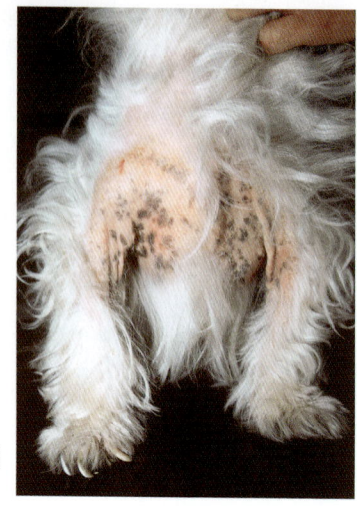

**マラセチア皮膚炎の臨床像.**
頸部前胸部に脱毛および落屑
が認められる.

## 診断のポイント

- アトピー性皮膚炎，脂漏性皮膚炎などに続発することが多く，強い痒みを伴う.
- 性差，年齢差，種差はみられないが，マルチーズ，ウエスト・ハイランド・ホワイト・テリア，シェットランド・シープドッグ，シー・ズー，プードル，バセット・ハウンド，コッカー・スパニエル，ダックスフンドなどに多く発生する.
- 病因菌の *Malassezia pachydermatis* は脂質親和性の酵母で，正常皮膚の常在微生物である. 過剰な皮脂，湿り，表皮バリアー機能の低下・消失，皺襞の存在などにより増殖する.
- 皮膚炎は耳介，口唇，腋窩部，鼠径部，肢端，頸部腹側などにみられる.

## 確定診断

- 病変部のスタンプをとり，顕微鏡下で多数のマラセチアを確認する. 皮膚表面が脂漏性ならばスライドグラスを皮膚に押し付け，皮膚表面が乾燥性ならセロハンテープで材料を採取する.

- 通常，病理組織学的検査や培養を必要としない．

### 治療のポイント

- ケトコナゾールまたはイトラコナゾールの全身投与．
- クロルヘキシジン，ポビドンヨード，ミコナゾールでの薬浴．
- 脂漏症の管理．
- 角質溶解性シャンプー．

## 133. ノミアレルギー性皮膚炎

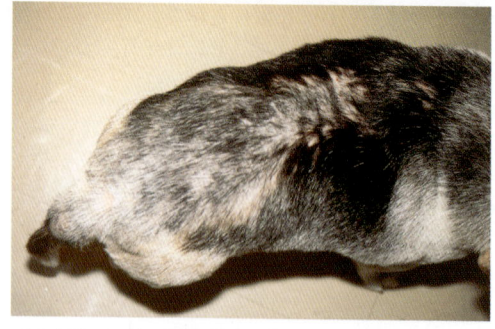

強い瘙痒
丘　疹
痂　皮
鱗　屑
脂漏症
二次性膿皮症
脱　毛

**ノミアレルギー性皮膚炎の臨床像.** 腰背部から尾根部にかけて被毛の菲薄化ないしは脱毛，赤色丘疹，膿疱形成，掻爬痕などが認められる．

### 診断のポイント

- 種差や性差は認められないが，6か月齢以下の幼犬に発症することは少ない．
- 病変は主に後躯，腰背部にみられ，激しい瘙痒を伴う．
- 皮疹は湿疹様である．
- ごく少数のノミ寄生でもアレルギーは起こり得る．ノミの存在が確認されない場合には，ノミ駆除薬による試験的治療が診断に役立つ．

### 確定診断

- ノミ抗原を用いた皮内反応の陽性確認．
- ノミ寄生の確認，夏〜秋に増悪する臨床所見とノミ駆除に対する反応．

### 治療のポイント

- ノミの駆除と再寄生の予防．
- 全身性コルチコステロイドの投与．
- 二次的な膿皮症に対する抗生物質の投与．

*Capter 10*
# 筋骨格系疾患

# 134. 膝蓋骨内方脱臼

跛行（軽度〜重度）
膝関節の伸展不可

**膝蓋骨内方脱臼のX線・前後方向.** 両側膝蓋骨（矢印）の内方への変位（脱臼）ならびに両側脛骨の内側への捻転が観察される．

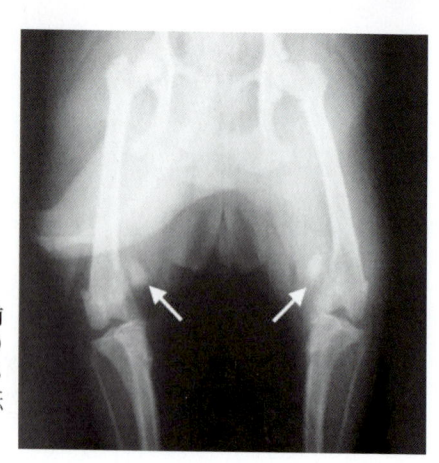

## 診断のポイント

- ミニチュア・プードル，トイ・プードル，ヨークシャー・テリア，ポメラニアン，ペキニーズ，チワワ，ボストン・テリアなどのトイおよびミニチュア種に多くみられる．
- 脱臼のグレード，併発疾患（十字靱帯断裂など）の有無によって臨床症状は異なり，無症状のものから軽度〜重度の跛行を示すものまで様々である．
- 先天性の脱臼では，出生直後から症状の認められるものもあるが，一般には4か月齢以降に発現することが多い．
- 膝関節を屈曲させた正座の姿勢で，上方向からX線ビームを入れて（スカイラインビュー）撮影すると，浅い滑車溝が認められる場合がある．
- グレードが低く亜脱臼である場合，後肢を伸展させてX線撮影をすると，膝蓋骨が正常位置で観察されるため注意を要する．
- 膝蓋骨内方脱臼に膝の靱帯，特に前十字靱帯の断裂を併発することがある．

## 確定診断

- 触診において，膝蓋骨の内方への加圧や膝関節の屈伸によって膝蓋骨が脱臼する．

- X線検査で脱臼の程度，大腿骨や下腿骨の変形（大腿骨頚の変形，内反股など），変性性関節症などを確認する．

### *治療のポイント*

- 基本的には外科手術対応であるが，脱臼のグレードによって異なり，無症状の場合は保存的治療法も行われる．

# 135. 股関節異形成

後肢の起立困難
神経障害のない
後肢の跛行
大腿骨頭の疼痛
後肢筋肉の萎縮
股関節可動域の減少

**股関節形成異常のX線・背腹像.** 両側の寛骨臼が浅く，股関節は亜脱臼をきたしている．

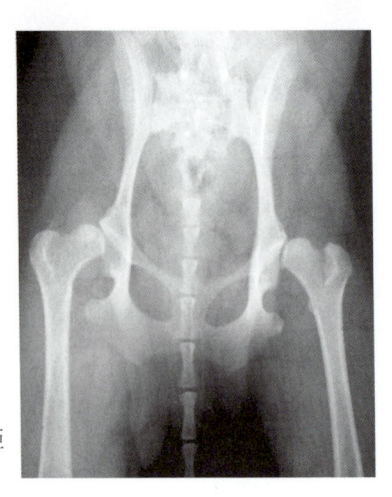

## 診断のポイント

- 特にセント・バーナード，ジャーマン・シェパード，ラブラドール・レトリーバー，ゴールデン・レトリーバー，ロットワイラーなどの大型犬種に多く発生する．性差は認められない．
- 未成熟期から発症することがあり，症状は脱臼の程度や関節の変性の程度によって異なる．
- この疾病は遺伝的素因が強く，発育期における急速な成長と体重増加が症状の発現および悪化の促進因子となる．
- 他の疾病と区別するため，病歴，家族歴，臨床症状などによる鑑別診断が必要となる．
- 恥骨筋の萎縮がみられる個体もある．
- 患犬は股関節部の疼痛のため犬坐姿勢，歩行，階段昇降を嫌う．また，歩行時には後躯が左右に揺れ，歩行の踏み込みは浅く，ウサギ様跳躍を呈する．

## 確定診断

- 関節腔の拡大，大腿骨頭の扁平化や変形，浅い寛骨臼，股関節の二次的亜脱臼および脱臼，外反股，内反股などが認められる．X線は両側の大

腿骨を伸展した腹背方向で撮影し，腸骨翼の前縁から膝関節までをフィルムに納める．その際，骨盤が正しく左右対称になっていることが必要である．さらに，同じ姿勢で大腿骨遠位端に適度な物体を挟み込み，両下腿を内側に圧迫し，大腿骨頭に外側方向の力を加えて撮影する．また，OFA，ペンヒップなどの診断方法もある．

### 治療のポイント

- 治療は年齢，症状の程度，身体検査および X 線所見により異なる．
- 外科的処置として恥骨筋切除術，大腿骨頭切除術，骨盤骨切り術，転子下骨切り術，股関節全置換術などが行われる．

# 136. レッグ・カルブ・ペルテス症

後肢跛行
股関節疼痛
筋萎縮

**レッグ・カルブ・ペルテスの X 線・腹背像.** 大腿骨頭および骨頸（矢印）の不整な骨密度，大腿骨頸の肥厚が観察される．トイ・プードル /10 か月齢 / 雌．

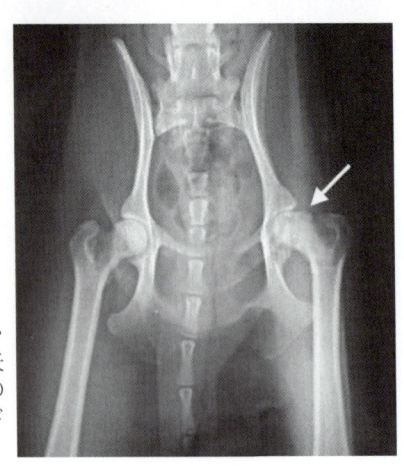

## 診断のポイント

- トイ種およびテリアに好発する．発症は 3 ～ 13 か月齢，とりわけ 5 ～ 8 か月齢に多くみられる．
- 通常は片側性であるが，両側性に現れることもある（12 ～ 16％）．
- 外傷，打撲などの既往歴もなく突発性に発生する跛行は，加齢とともに徐々に進行するのが一般的であるが，突然重度の跛行を呈し患肢を挙上したまま全く負重しなくなるものもいる．
- 股関節を動かすことで必ず疼痛が生じる．また，患肢側の大腿筋の萎縮や股関節に捻発音が認められることもある．

## 確定診断

- X 線検査で，初期には大腿骨頭の骨密度の減少，関節腔の拡大，大腿骨頸の硬化像および肥厚がみられる．末期になると大腿骨頭の扁平化と著しい変形，重度の骨関節炎所見が認められる．

## 治療のポイント

- 軽症例では消炎鎮痛剤の投与と運動制限により症状の明らかな改善が認められることもあるが，ほとんどの症例で外科的処置が必要となる．

# 137. 悪性骨腫瘍

跛　行
骨の腫瘤
疼　痛
歩行障害
不全麻痺

脛骨・骨幹端部に形成された骨肉腫のX線像．病巣部（矢印）には骨皮質の破壊を伴う溶骨性変化，腫瘍性骨形成，骨膜反応などが観察される．ゴールデン・レトリーバー/10か月齢/雌．

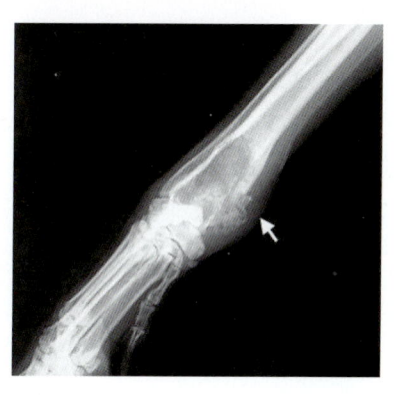

## 診断のポイント

- 原発性の悪性骨腫瘍のうちで最も高率に発生するのが骨肉腫であり（約85％），次いで多いのが軟骨肉腫（5〜10％）である．骨肉腫は犬の全悪性腫瘍のうちの2〜7％を占める．
- 骨肉腫は大型犬に好発し，発生年齢は2歳および7歳の2つのピークを有する．好発部位は長骨（撓骨遠位部，上腕骨近位部，大腿骨遠位部および脛骨近位部）の骨幹端で，病的骨折を伴うことがある．
- 軟骨肉腫も大型犬に多くみられ，患犬の平均年齢は8〜9歳である．軟骨肉腫の半数以上は扁平骨に発生し，ほとんどが肋骨原発である．
- 腫瘍の種類や発生部位により臨床症状は大きく異なる．
- 骨肉腫の5〜10％以上の例では，診断時すでにX線検査で肺転移が認められる．

## 確定診断

- X線検査で正常骨との移行部の境界不明瞭，骨皮質や骨梁の溶解，不規則あるいはサンバースト型骨膜反応がみられる．骨密度は増加することもあるし減少することもある．
- 確定診断には骨生検による病理組織学的検査が必要となる．

## 治療のポイント

- 外科的切除．
- 化学療法および免疫療法．
- 放射線療法．

筋骨格系疾患

# Capter 11
# 耳の疾患

# 138. 外耳炎

**外耳の発赤**
耳の瘙痒
耳を掻く
頭を振る
耳からの悪臭
耳の疼痛

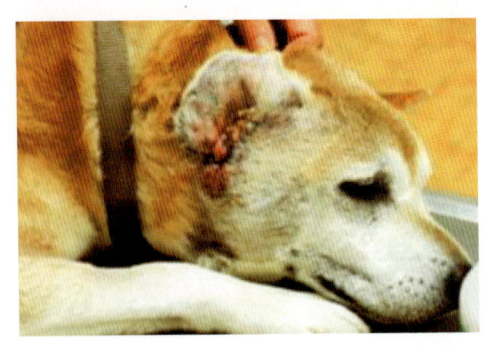

**慢性外耳炎の臨床像.** 外耳炎の治癒と再発とを繰り返した結果, 外耳道内にはポリープ状の炎症性増殖物が多数形成され, 内腔はおおむね閉塞している. 雑種/10歳/雄.

## 診断のポイント

- スパニエルやレトリーバーのような垂れ耳の犬種, テリアやプードルのような耳道に毛の多い犬種に発生しやすい.
- 身体検査により外耳の発赤, 腫脹, 疼痛, 瘙痒, 悪臭などが認められる場合が多い.
- 耳鏡による観察で発赤, 腫脹がみられる. 寄生虫などを認める場合もある.
- 病変部からの採材による細胞診や細菌培養.

## 治療のポイント

- 外耳炎の原因の除去（アレルギー, 寄生虫, 耳道構造, 耳道の被毛）.
- 抗真菌薬, 抗生物質.
- 抗炎症薬.
- 寄生虫駆除薬.
- 耳垢溶解剤.
- 状況によっては耳の洗浄.
- 耳道内の乾燥促進.

# 139. 耳血腫

**耳介の肥厚と液体貯留による波動感**
耳の瘙痒
耳介を掻く
頭を振る

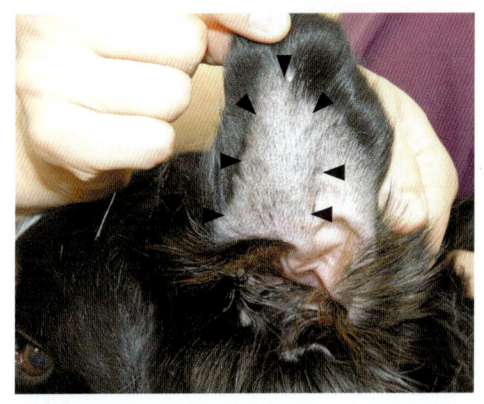

**耳血腫の臨床像．** 耳介の内側・皮下に血液が貯留し（矢頭で囲まれた領域），波動感を呈している．本例は外耳炎に罹患しており，頭を振る動作が目立った．バーニーズ・マウンテンドッグ /5 歳 / 雄．

## 診断のポイント

- 外耳炎，耳ダニ感染症，アトピー性皮膚炎など耳に基礎疾患を有している犬に発生しやすい．
- 患犬には耳介を掻く，頭を振るなどの動作が頻繁に観察される．
- 身体検査で耳介の肥厚と液体貯留による波動感を認める．

## 治療のポイント

- 外科的処置．
- 耳の瘙痒をなくすための治療．
- 再発はあり得る．

# Capter 12
# 眼の疾患

# 140. 角膜潰瘍

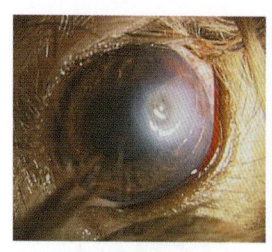

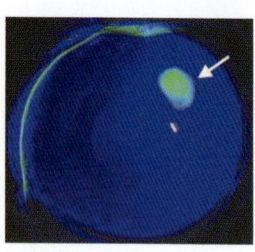

角膜混濁
流　涙
眼瞼痙攣
羞　明
縮　瞳
角膜陥凹
眼　脂
角膜血管新生
角膜表面の不正
疼　痛

角膜潰瘍の臨床像（左）およびフルオレセイン染色像（右）．固有層まで達した深部の角膜潰瘍（左）とフルオレセイン染色にて緑色に濃染された潰瘍部（矢印）．シー・ズー /5歳/雌．

## 診断のポイント

- 短頭種に多くみられる傾向がある．
- 外傷や刺激物との接触の病歴があることがある．
- 涙液の分泌量が減少していることがある．
- 角膜潰瘍を的確に診断していくためには，十分な眼科検査が必要である．眼科検査にて，結膜嚢では眼窩内の異物，異常な睫毛，眼瞼の腫瘍が認められることがある．

## 確定診断

- 角膜潰瘍は，フルオレセイン染色検査を含めた眼科検査によって診断を確定できる．フルオレセイン染色検査では，角膜潰瘍部はフルオレセイン陽性領域として認められる．デスメ瘤では輪状のフルオレセイン陽性領域が認められ，中心部は染色されない．

## 治療のポイント

- 抗生物質，硫酸アトロピン，角膜損傷治癒促進薬の点眼．
- 外科療法．
- コンタクトレンズ装着．

## 141. 乾性角結膜炎

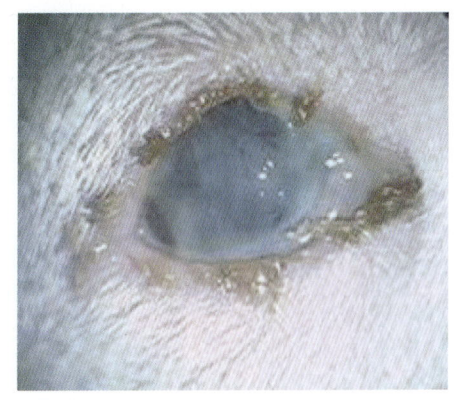

光沢のない角膜
粘液性または粘液膿性眼脂
頻回の瞬目
結膜充血
結膜浮腫
眼瞼痙攣
眼瞼周囲の痂皮
眼瞼周囲の掻痒
角膜混濁
角膜血管新生
角膜色素沈着
鼻孔乾燥
視覚障害

**乾性角結膜炎の臨床像.** 涙液の分泌不全により角膜およびその周囲組織が乾燥した状態. ブル・テリア /2 歳 / 雄.

### 診断のポイント

- ラサ・アプソ, コッカー・スパニエル, ブルドッグ, シー・ズー, ウエスト・ハイランド・ホワイト・テリアなどに好発する.
- 本症例の中には, 瞬膜切除歴や, サルファダイアジン, フェナゾピリジンなど涙液分泌を減少させる薬剤の投与歴を有するものもある. ワクチン接種歴（犬ジステンパー）を確認することも重要である.
- 乾性角結膜炎を的確に診断していくためには, 十分な眼科検査が必要である. 染色検査には, ローズベンガル染色液が使用されることがある.

### 確定診断

- 乾性角結膜炎は, シルマー涙液試験を含めた眼科検査によって診断を確定できる. 通常, 本症例におけるシルマー涙液試験の結果は 10mm 以下であり, 徴候の大半を発現している例ではそのほとんどが 5mm 以下の値を示す.

### 治療のポイント

- シクロスポリン, 人工涙液, 抗生物質, コルチコステロイドの点眼.
- 外科療法.

# 142. 白 内 障

**水晶体混濁**
**視覚障害**
前部ブドウ膜炎に
伴う徴候

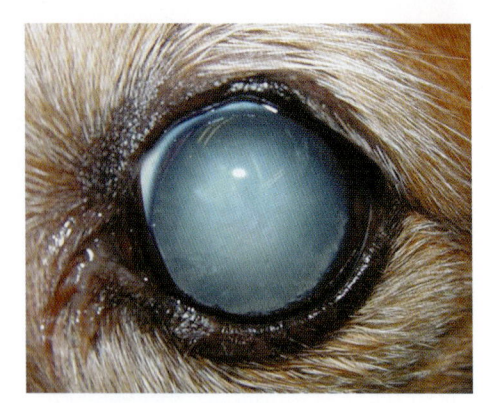

**白内障の臨床像．**成熟白内障．ミニチュア・ダックスフンド /8 歳 / 雌．

## 診断のポイント

- 多くの犬種に白内障の遺伝的素因があることが知られている．特にミニチュア・プードル，アメリカン・コッカー・スパニエル，ミニチュア・シュナウザーでは，白内障が進行して最終的に盲目に至る．そのほかの好発犬種にはゴールデン・レトリーバー，ボストン・テリア，シベリアン・ハスキーなどがある．
- 様々な年齢の犬に認められるが，特に高齢犬に多い．
- 眼球への重度の鈍性外傷が白内障をもたらすことがある．
- 糖尿病性白内障の症例では，糖尿病に伴う様々な異常所見が認められる．
- ブドウ膜炎に起因する水晶体の栄養障害により白内障が生じることがある（併発性白内障）．
- 白内障を的確に診断していくためには，十分な眼科検査が必要である．

## 確定診断

- 白内障は，散瞳処置下で実施する水晶体の観察によって診断を確定できる．スリットランプ（細隙灯顕微鏡）により水晶体を含めた前眼部の観察を行い，その後検眼鏡を用いて後眼部を詳細に観察する．白内障の指標である水晶体の混濁は，片側性に生じることも両側性に生じることも

ある．また，その発生部位も様々である．白内障の診断では，水晶体核硬化症と白内障を鑑別することが重要である．

## *治療のポイント*

- ERG を測定して視覚機能を検査し，外科適応を確認する．
- 外科療法．

# 143. 緑内障

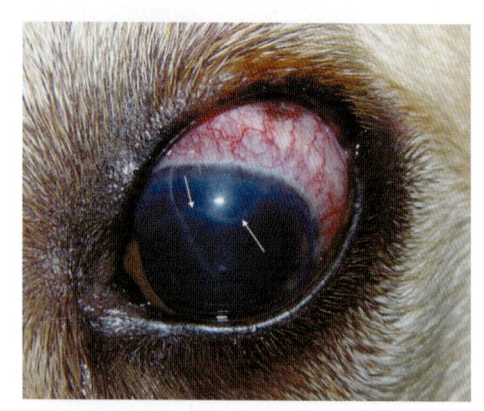

瞳孔散大
上強膜充血
眼の疼痛
視覚障害
牛　眼
角膜浮腫
角膜混濁
眼瞼痙攣
流　涙
眼内出血

**緑内障の臨床像．** 眼圧の上昇に伴い強膜および結膜の充血と角膜にハーブ線（矢印）が認められる．ラブラドール・レトリーバー/7歳/雄．

### 診断のポイント

- 多くの犬種に緑内障の遺伝的素因があることが知られている．いずれの年齢層にも発生し得るが，中年齢（4～9歳）に多くみられる．
- 緑内障を的確に診断していくためには，十分な眼科検査が必要である．眼科検査にて，デスメ膜の条痕や視神経乳頭の陥凹・萎縮，網膜の変性・壊死が観察される．また，ブドウ膜炎，水晶体脱臼，眼内腫瘍が認められることもある．

### 確定診断

- 緑内障は，眼内圧測定および隅角鏡検査を含めた眼科検査によって診断を確定できる．犬の眼内圧の正常範囲は15～25mmHgであり，緑内障ではこの正常範囲を超えている．

### 治療のポイント

- 浸透圧利尿薬や炭酸脱水酵素阻害薬の投与．
- 各種の緑内障治療薬の点眼．
- 外科療法．

## 144. 前部ブドウ膜炎

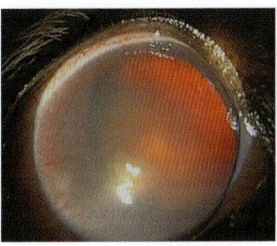

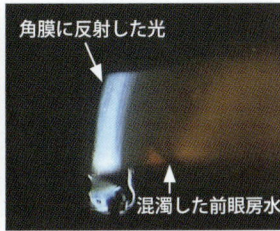

結膜，強膜，
虹彩の充血
房水フレア
瞳孔縮小
眼圧低下
羞　明
眼瞼痙攣
眼　脂
眼の疼痛
前房蓄膿
前房出血
角膜後面沈
着物
角膜浮腫
視覚障害

**前ブドウ膜炎の臨床像（左）と細隙灯による観察像（右）．**
前眼房の混濁と角膜輪部からの血管新生を認める（左）．
細隙灯による前眼房の観察では，炎症により混濁した眼房水によって光が反射することで白い光のラインが確認できる．シェットランド・シープドッグ/12歳/雄．

### 診断のポイント

- 犬種，年齢を問わず発生する．
- 眼に対する外傷の病歴があることがある．
- 眼以外の器官の異常を示唆する徴候が認められることがある．
- 前部ブドウ膜炎を的確に診断していくためには，十分な眼科検査が必要である．眼科検査にて，眼の外傷性病変，水晶体蛋白質の漏出，眼内の腫瘍，迷入した寄生虫が認められることがある．
- 眼科検査で前部ブドウ膜炎の原因が特定できない場合には，十分な身体検査，血液検査，尿検査，その他の補助的検査が必要になる．

### 確定診断

- 前部ブドウ膜炎は，眼内圧測定を含めた眼科検査によって診断を確定できる．

### 治療のポイント

- 前部ブドウ膜炎の原因に対する選択的治療．
- コルチコステロイドの点眼あるいは全身投与ならびに硫酸アトロピンの点眼．

# Chapter 13
# 感 染 症

## 145. 犬ジステンパー

```
漿液〜粘液膿性眼脂
鼻　汁
発　咳
下　痢
嘔　吐
間代性けいれん
硬蹠症（ハードパッド）
二峰性発熱
食欲不振
元気消失
結膜充血
呼吸困難
腹部の皮疹，膿疱
頭部振戦
運動失調
旋回運動
知覚過敏
流　涎
エナメル質の低形成
```

### 診断のポイント

- 移行抗体のなくなったワクチン未接種の幼犬に多い．
- 特にペットショップのような，多くの犬が集まる所から購入され，症状がみられるものには注意を要する．
- 地域的に流行性に発生することが多い．
- CBCでは，病初期にリンパ球減少を伴う白血球減少症，血小板減少症を示すが，その後，好中球増加による白血球増加症がみられる．
- 血液塗抹において，赤血球あるいは白血球内に封入体を認めることがある．
- 胸部X線検査では，初期に間質性肺炎像，細菌による二次感染が加われば気管支肺炎像が認められる．
- 回復したかのように見えても，数週間〜数か月後に神経症状を発現することがある．

### 確定診断

- 血液のバフィー・コート，結膜，瞬膜，鼻粘膜，扁桃，腟などの塗抹標

本からのウイルス抗原あるいは封入体の検出（臨床症状発現後数日以内）．
- 血清あるいは脳脊髄液中の中和抗体の検出．
- 末梢血単核球を用いた PCR 法によるウイルス遺伝子の検出．
- 病理組織学的検査．

### 治療のポイント

- 特異的な治療法はなく，すべて対症療法．
- 二次感染防止のための広域スペクトル抗生物質の投与．
- 輸液，ビタミン類の投与など支持療法が中心となる．

# 146. 犬伝染性肝炎

**肝腫大**
**腹　水**
**嘔　吐**
**下　痢**
**ブルーアイ**
発　熱
元気消失
食欲不振
腹　痛
可視粘膜蒼白
口腔粘膜の点状出血
頚部リンパ節の腫大
皮下浮腫
神経症状
肝性脳症
突然死
腎盂腎炎

### 診断のポイント

- ワクチン未接種で症状のみられる若齢犬では，特に注意が必要である．
- CBCでは，病初期に好中球およびリンパ球の減少による白血球減少症がみられるが，その後は白血球増加症に転ずる．
- 血液化学検査では，初期にALT, AST, ALP, GGTの上昇がみられる．
- 重症例に出血時間の延長，凝固系異常を認めることがある．
- DIC, 低血糖，低アルブミン血症を生じることがある．
- 尿検査では，蛋白尿，ビリルビン尿および尿円柱（白血球，上皮細胞）を認める．

### 確定診断

- ペア血清法による抗体価上昇の確認（HI反応，中和テスト）．
- 犬由来細胞培養法によるウイルス分離．
- 病理組織学的検査（肝細胞とクッパー細胞における核内封入体）．

### 治療のポイント

- 特異的な治療法はなく，支持療法，対症療法が中心となる．
- 輸液（電解質の補正，ブドウ糖の投与），広域スペクトル抗生物質の投与．
- DIC, 肝性脳症などに対する治療．

# 147. 犬ヘルペスウイルス感染症

**鼻　汁**
流・死産
沈うつ
乳を飲まない
鳴き続ける
軟便（黄緑色〜緑色，無臭）
腹　痛
呼吸困難
粘膜の点状出血
神経症状（昏睡，てんかん発作，協調運動失調，遊泳運動など）
膣炎，亀頭包皮炎（成犬）

## *診断のポイント*

- 出生直後から3〜4週齢までの新生子では，突然症状が発現し，24〜48時間以内に死の転帰をとるものが多い．
- 4週齢以降の子犬では，ごく軽度の鼻炎，咽頭炎，膣炎などがみられるにとどまる．
- 雌犬の経膣感染例は不顕性であることが多いが，膣粘膜に水疱形成がみられることもある．雄犬では包皮に漿液性炎が認められる．
- 臨床的には年齢と臨床症状より診断する．
- 血小板減少症を示すことがある．

## *確定診断*

- ウイルス分離．
- CF反応，中和テスト，HI反応，ELISAなどによる特異抗体の検出．
- PCR法によるウイルス遺伝子の検出．
- 病理組織学的検査．

## *治療のポイント*

- 特異的な治療法はなく，新生子の予後は悪い．
- 疫学的な観点からみると，治療はしないことが多い．
- 回復した母体の血清療法は死亡率を下げる．
- 回復後，脳の機能不全による神経症状をみることがある．

感染症

# 148. 犬パルボウイルス感染症

嘔　吐
下　痢
食欲廃絶
元気消失
体重減少

## *診断のポイント*

- いずれの年齢層の犬にも起こり得るが，特に重症例は 6 ～ 16 週齢頃までの幼犬に多く発生する．
- ワクチン接種がなされていても，18 週齢までの幼犬では移行抗体により十分な免疫が獲得できていない可能性があるので，注意を要する．
- 一般に下痢に先立って嘔吐がみられる．下痢は軟便程度のものから水様あるいは血様便まで様々である．また，種々の程度の脱水を伴う．
- 発熱あるいは低体温がみられることもある．
- CBC では，本症に特徴的な所見として白血球減少症（リンパ球および好中球の減少）がみられることが多い．
- 血液化学検査では，電解質異常（特に低カリウム血症），高窒素血症，低蛋白血症，低血糖が認められる．また，ビリルビン，ALT および ALP の上昇をみることもある．
- 寄生虫，ウイルス，細菌などの同時感染があると，より激しい症状を示すことがある．
- 同様の症状を示す腸閉塞，腸重積などとの鑑別診断が必要である．

## *確定診断*

- 糞便あるいは腸内容物を用いた HA，HI 試験．
- ELISA によるウイルス抗原の検出．
- 血清中の中和抗体，HI 抗体の測定．
- PCR 法によるウイルス遺伝子の検出．
- 市販犬パルボウイルス抗原検出用キット．
- 病理組織学的検査．

## *治療のポイント*

- 特異的な治療法はなく，支持療法，対症療法が中心となる．
- 脱水の補正には通常，乳酸加リンゲル液による輸液を行い，低血糖が疑われる場合にはブドウ糖を加える．
- 電解質異常，特に低カリウム血症がみられる場合には，輸液に KCl を添加する．
- 広域スペクトル抗生物質を投与する．
- 嘔吐に対してメトクロプラミドあるいは $H_2$ ブロッカーの投与が勧められる場合もあるが，効果は様々である．
- 重度の貧血あるいは低蛋白血症に対し，輸血が行われることもある．
- 感染初期にはインターフェロンの投与が有効な場合もある．
- 排出されたウイルスは動物体外でも長期間にわたって感染性を保持しているため，周囲への汚染拡大の防止に最大限の注意を払う必要がある．

# 149. 犬コロナウイルス感染症

嘔吐
下痢
元気消失
食欲不振

### 診断のポイント

- いずれの年齢層の犬にも起こり得るが，特に1歳未満の幼若犬に多い．
- 比較的軽度の急性胃腸炎症状を示し，他の犬にも同様の症状がみられる場合には，本症が疑われる．
- 下痢は黄緑色あるいはオレンジ色，軟便から水様便まで様々で，悪臭が強い．粘液便や血便のこともある．
- CBC，血液化学検査および尿検査では通常，特異的な所見は認められない．
- 他のウイルス性胃腸炎との鑑別は難しい．パルボウイルスとの混合感染があると激しい症状を示す．

### 確定診断

- 治療に際して確定診断は必ずしも必要ではない．
- 猫由来 fewf-4 細胞などを用いた糞便からのウイルス分離．
- ペア血清を用いた中和抗体の測定．
- PCR法による糞便からのウイルス遺伝子の検出．
- 電顕による糞便中のウイルス粒子の検出．

### 治療のポイント

- 特異的な治療法はなく，対症療法，支持療法が中心となる．
- 輸液，抗生物質（軽症では不要）の投与を行う．
- 通常，治療により速やかに回復する．致死率は極めて低い．

# 150. カンピロバクター感染症

**下痢**
食欲不振
嘔吐
しぶり

### *診断のポイント*

- 出生直後から6か月齢までの幼若犬での発生が多い．成犬は感染しても症状を示さないことが多い．
- 急性の下痢がみられる．通常は軽度であるが，粘液便，水様便，まれに血便のこともある．
- 軽い発熱，食欲不振，間欠性の嘔吐を伴うこともある．
- ウイルス性胃腸炎（犬パルボウイルス感染症，犬コロナウイルス感染症など）や原虫感染（ジアルジア症，コクシジウム症など）を合併していることもある．

### *確定診断*

- 新鮮便の鏡検により，機敏に運動する細長く弯曲した，あるいはらせん状の特徴的な桿菌を確認することで診断可能である．しかし，類似の細菌との鑑別が困難なこともあり，確定診断には糞便の培養によるカンピロバクターの検出が必要となる．

### *治療のポイント*

- 主にエリスロマイシン・クロラムフェニコールの投与が行われるが，抗生物質の使用は軽症例では必ずしも必要ない．
- 時に輸液を必要とする．
- 通常，治療に対して速やかに反応するが，慢性下痢や間欠的な下痢を呈することもある．
- 人はカンピロバクターに対して感受性が高く，公衆衛生上重要である．本症が疑われる場合，特に子供への感染に注意を払う必要がある．また，耐性菌を作らないよう，抗生物質の濫用は控えるべきである．

# 151. レプトスピラ症

```
食欲不振
元気消失
嘔　吐
下　痢
乏尿，無尿
黄　疸
発　熱
鼻出血
頻呼吸
腹　痛
流　産
ブドウ膜炎
```

## 診断のポイント

- 血清型により症状は異なる．*Leptospira canicola* は主に腎臓を，*L. icterohaemorrhagiae* は主に肝臓をおかす．
- CBCでは，病初期に白血球減少症が認められるが，通常，来院時には左方移動を伴う好中球増加による白血球増加症，血小板減少症が認められるようになる．
- 血液化学検査では，BUN，クレアチニン，ALT，AST，ALP，ビリルビンの上昇が認められる．
- 尿検査では，蛋白尿，膿尿，ビリルビン尿，等張尿，尿円柱の出現，尿糖などがみられる．
- 血小板減少，血管障害，DICによる出血傾向（点状出血，出血斑，メレナなど）を認めることもある．
- 全身の筋肉痛，腎臓の疼痛，髄膜炎のために動くことを嫌う場合がある．
- 本症の多発地域で原因不明の発熱，腎不全がみられる場合には注意が必要である．

## 確定診断

- ペア血清による抗体価のチェック．抗体価の上昇をみるには2～4週間間隔で数回の検査を必要とすることがある．
- 尿，血液，脊髄液の培養による菌体の検出（病初期の抗生物質使用前に限られる）．
- PCR法による尿からのレプトスピラ遺伝子の検出．

- 病理組織学的検査（ワルチン・スターリー染色による菌体の検出）．
- レプトスピラ症は家畜伝染病予防法に基づき獣医師による届出が義務付けられている．

### *治療のポイント*

- 抗生物質の投与（主にペニシリン）．
- 輸液による支持療法．
- 急性腎不全，急性肝不全，DIC に対する治療．
- 人獣共通感染症であるため，汚染尿については厳重な衛生管理が必要である．

# 152. 上部気道感染症群

```
発　咳
鼻　汁
眼　脂
食欲不振
元気消失
```

### 診断のポイント

- 上部気道感染症群の中で最も一般的にみられるのが犬の伝染性気管気管支炎（ケンネルコフ）であり，主に犬アデノウイルス（CAV-2），犬パラインフルエンザウイルス，*Bordetella bronchiseptica*，マイコプラズマなどの単独あるいは混合感染による．
- 軽症例では発作性の短い乾性の咳嗽が認められる程度で，眼脂，鼻汁（漿液性）も軽度である．また，元気・食欲に異常はなく，発熱も通常みられない．
- 重症例では食欲不振，元気消失，発熱，湿性の咳嗽，粘液膿性の鼻汁，眼脂が認められる．
- ワクチン未接種の子犬，免疫力の低下した犬に混合感染が生じると気管支肺炎に進行することがある．
- ペットショップから購入した子犬や，犬が多く集まる場所で他の犬との接触があり，3〜10日後に症状がみられた場合，本症が疑われる．
- 重症例ではジステンパーとの鑑別が必要となる．

### 確定診断

- 臨床症状で病原体を特定することはできないが，軽症例では治療を行うのに際し，特に確定診断を必要としない．
- 気管洗浄液の培養による病原体の検出．
- ペア血清による抗体価のチェック．

### 治療のポイント

- 軽症例では特に治療を行わなくとも7〜14日で治癒する．
- 他の犬への感染を避けるため，治療はできるだけ通院により行う．

- 重症例で細菌感染が疑われる場合には，抗生物質の投与（クロラムフェニコール，テトラサイクリン，ゲンタマイシン，カナマイシン，セファロスポリンなど）を行う．
- 上部気道の感染に対しては，ネブライゼーション（ゲンタマイシンなど）が有効なこともある．
- 乾性の咳嗽に対しては，鎮咳剤（コデイン，ブトルファノールなど），気管支拡張剤（テオフィリン，アミノフィリンなど）が用いられることがあるが，鎮咳剤は湿性の咳嗽に対しては禁忌である．
- 安静，部屋の換気，加湿など．
- 咳が2週間以上続く場合には，他の原因も考慮する．

# 153. バベシア症（ピロプラズマ症）

> **貧　血**
> **黄　疸**
> **可視粘膜蒼白**
> 食欲不振
> 体重減少
> 沈うつ
> 皮毛粗剛

## 診断のポイント

- 本症の多発地域で典型的な症状がみられる場合には，鑑別診断に入れるべきである．また，マダニの寄生を受けたり，過去に多発地域に行った経験のある犬も注意する必要がある．
- 発熱，嘔吐，脾臓および肝臓の腫大なども認められ，非定型的な症状として上部呼吸器症状，下痢，てんかん発作，運動失調などをみることがある．
- CBCでは，再生性貧血（網状赤血球の増加）がみられ，血小板減少症，白血球増加症あるいは白血球減少症が認められることもある．
- 血液化学検査では，高ビリルビン血症，肝酵素値の上昇などが認められることが多い．
- 尿検査では，ビリルビン尿，ヘモグロビン尿が認められ，尿沈渣中にビリルビン結晶，顆粒円柱などがみられる．
- 血小板減少症あるいはDICにより点状出血や斑状出血をみることがある．
- 自己免疫性溶血性貧血との鑑別が必要となることがある．

## 確定診断

- 血液塗抹標本の鏡検により赤血球内の虫体を確認する．

## 治療のポイント

- 一般にジミナゼンの投与が行われるが，犬には認可されていない．用量，用法は様々であり，過量投与では小脳出血により神経症状をきたし，死に至ることもある．
- 重度の貧血には輸血，脱水やショックに対しては輸液などの支持療法を行う．
- クリンダマイシンも有効である．

# 154. ジアルジア症

**下 痢**
食欲不振
元気消失
体重減少

### 診断のポイント

- 成犬は通常不顕性感染であり，発症は幼若犬に多い．特にペットショップなどから購入された直後で，環境の変化などストレス下にある子犬によくみられる．
- 下痢は軟便から水様便で悪臭があり，多くは特徴的な淡灰黄白色である．
- 通常は急性または慢性の小腸性下痢であるが，大腸性下痢を生じることもある．
- ウイルスや細菌あるいは他の寄生虫の感染を合併していることがある．混合感染があると症状はより重度である．

### 確定診断

- 新鮮便の塗抹標本を直接鏡検するか，生理食塩水と混和した糞便の塗抹標本を鏡検することにより栄養型の虫体を検出する．
- シストの検出は糞便の硫酸亜鉛遠心浮遊法によるが，糞便の直接鏡検で検出されることもある．
- 栄養型の検出に，吸引した十二指腸液を用いることもある．
- 虫体が検出されないときは検査を繰り返し行う必要がある．典型的な症状がみられる場合，虫体が検出されなくとも本症を除外することはできない．

### 治療のポイント

- アルベンダゾールが最も効果的であり，フェンベンダゾール，メトロニダゾールも用いられることがある．メトロニダゾールの過剰投与では運動失調，眼振など神経症状をきたすことがある．
- 虫体が検出されなくとも，症状から本症が疑われる場合には投薬を行う．
- 混合感染があれば，同時にそれに対する治療も行う．
- 脱水などの症状があれば輸液など支持療法を行う．

# 155. コクシジウム症

**下 痢**
嘔 吐
元気消失
体重減少

### *診断のポイント*

- 多くは不顕性感染であるが，ストレスのかかった幼若犬で発症することがある．
- 下痢は軟便から水様便まで様々で，粘液便や血便のこともある．
- 他の寄生虫や細菌感染を合併することがあるので，特に症状の激しい症例では注意を要する．

### *確定診断*

- 新鮮便の直接塗抹標本の鏡検，あるいは浮遊法によるオーシストの検出．

### *治療のポイント*

- スルファジアジントリメトプリム，スルファジメトキシンなどを投与する．
- 合併症があれば，それに対する処置も行う．
- 不衛生な環境で密飼いされている幼若犬群に蔓延しやすいことから，飼育環境の清浄化が特に重要である．

# Chapter 14
# 外部環境による傷害

# 156. 熱性熱傷

```
皮膚の紅斑，水疱，
びらん
皮下浮腫
皮膚の疼痛
皮膚の硬化，乾燥
合併症
```

## 診断のポイント

- 身体検査により熱傷の程度を評価し，ショックや呼吸器系への影響の有無を確認する．
- 体重から体表面積を推定し，熱傷の広さの程度を評価する．体表面積の 15% 以上が熱傷を受けると，緊急処置や集中治療が必要となる．
- 受傷した皮膚の検査により傷害の深度を評価する．皮膚表層の部分熱傷（第 1 度）では皮膚に疼痛と紅斑が，皮膚深層の部分熱傷（第 2 度）では皮膚の疼痛と紅斑，皮下浮腫，皮膚表面の乾燥などが認められる．さらに，皮膚全層の熱傷（第 3 度）では皮膚に疼痛は認められず，皮膚は固く乾燥して白くなる．また，被毛は容易に抜け落ちる．
- 体表面積の 50% 以上に第 2～第 3 度の熱傷がみられた場合，予後は悪い．

## 確定診断

- 受傷の稟告，臨床症状より診断する．

## 治療のポイント

- 受傷後，冷水などですみやかに患部を冷却する．受傷 2 時間以内であれば，3～17℃の冷水や濡れタオルで約 30 分間冷却することにより，疼痛を緩和し傷害が皮膚深層に伸展するのを抑えることができる．
- 小さな第 1 度の熱傷は，一般的な皮膚外傷の局所治療で 1 週間以内に治癒する．熱傷が広範囲に及ぶ場合には，局所治療と全身的治療が必要となる．
- 中等度あるいは重度の熱傷では鎮静処置後，受傷部を剪毛し，等張液で洗浄，壊死組織を除去する．局所の感染防止にはスルファジアジン銀の

ような外用薬を塗布し，包帯を施す．初期段階では正常細菌叢を乱すので，抗生物質の全身投与は実施しない．包帯の交換は毎日行い，受傷部の乾燥を防止し，壊死組織が認められれば除去する．
- 熱性物質，煙の吸入，感電などによる呼吸器系の傷害が疑われる場合には，酸素吸入など必要な処置を行う．
- 腎機能，肝機能，電解質などをモニターしながら輸液，その他の処置を行う．
- 肺炎や患部の感染が生じた場合には，抗生物質の全身投与を実施する．
- 重度の熱傷は高率に合併症をきたし，致死的な状態を招く．

# 157. 熱中症

```
発　熱
パンティング
嘔　吐
流　涎
可視粘膜充血
下　痢
メレナ
乏　尿
てんかん発作
昏　睡
```

### 診断のポイント

- 特に夏期，車の中に閉じ込められた犬や暑い室内に置かれた犬，炎天下に繋留された犬で症状がみられた場合には本症を疑う．
- 短頭種の犬や軟口蓋過長症，喉頭麻痺のような上部気道疾患のある犬に多くみられるが，長毛の犬，肥満傾向の犬，心疾患の犬などにも注意が必要である．
- 体温は通常 41 〜 43℃まで上昇する．
- 頻脈，不整脈，ショック，呼吸困難，可視粘膜の点状出血，振戦，昏睡，呼吸停止，心肺停止などもみられる．
- 脱水のため PCV は上昇することが多い．
- 肝障害，血小板の減少により出血傾向をみることがある．
- 急性腎不全（乏尿，無尿），電解質異常，心室性頻拍，呼吸性あるいは代謝性アシドーシス，中枢神経障害，DIC などの合併症にも注意する必要がある．

### 確定診断

- 動物が置かれていた環境，既往症，症状などから判断する．

### 治療のポイント

- 冷水を体にかけたり，冷水浴させたりすることにより体温を下げる．その際，体をマッサージするとより効果的である．氷水を用いると血管の収縮や体の震えにより冷却効果が落ちる．
- 体温が 39℃まで下がれば積極的な冷却処置は中止し，換気のよい，涼

しい場所に置く．一方，アスピリン，フルニキシンメグルミンのような解熱剤の投与は禁忌である．
- 等張性輸液剤（ラクトリンゲルなど）の急速輸液を行う．
- ショック症状がみられる場合には，その治療を行う．
- 乏尿あるいは無尿にはドーパミン，フロセミドの投与など急性腎不全に対する治療を行う．
- てんかん発作にはジアゼパムなどを投与する．
- その他合併症の治療を行う．

# 写真提供者一覧

| 章 | 番号 | 写真提供者 |
|---|---|---|
| 1 | 1 | 町田　登 |
|  | 2 | 町田　登 |
|  | 3 | 町田　登 |
|  | 4 | 村岡　登（むらおか動物クリニック院長） |
|  | 5 | 町田　登 |
|  | 6 | 町田　登 |
|  | 7 | 町田　登 |
|  | 8 | 町田　登 |
|  | 9 | 町田　登 |
| 2 | 10 | 長江秀之 |
|  | 11 | 町田　登 |
|  | 12 | 町田　登 |
|  | 13 | 長江秀之 |
|  | 14 | 長江秀之 |
|  | 15 | 町田　登 |
|  | 16 | 町田　登 |
|  | 17 | 町田　登 |
|  | 18 | なし |
|  | 19 | 長江秀之 |
|  | 20 | 長江秀之 |
|  | 21 | 町田　登 |
|  | 22 | 長江秀之 |
| 3 | 23 | 諸角元二 |
|  | 24 | 町田　登 |
|  | 25 | 諸角元二 |
|  | 26 | 諸角元二 |
|  | 27 | 諸角元二 |
|  | 28 | 諸角元二 |
|  | 29 | 諸角元二 |
|  | 30 | 諸角元二 |
|  | 31 | 諸角元二 |
|  | 32 | 諸角元二 |
|  | 33 | 諸角元二 |
|  | 34 | 諸角元二 |
|  | 35 | 諸角元二 |
|  | 36 | 諸角元二 |
| 4 | 37 | 渡辺直之 |
|  | 38 | 町田　登 |

| 章 | 番号 | 写真提供者 |
|---|---|---|
|  | 39 | 町田　登 |
|  | 40 | 町田　登 |
|  | 41 | 渡辺直之 |
|  | 42 | 町田　登 |
|  | 43 | 町田　登 |
|  | 44 | 町田　登 |
|  | 45 | 町田　登 |
|  | 46 | 町田　登 |
|  | 47 | 町田　登 |
|  | 48 | 町田　登 |
|  | 49 | 渡辺直之 |
|  | 50 | なし |
|  | 51 | 町田　登 |
|  | 52 | 町田　登 |
|  | 53 | 町田　登 |
|  | 54 | なし |
|  | 55 | なし |
|  | 56 | なし |
|  | 57 | 星克一郎（見附動物病院） |
|  | 58 | 町田　登 |
|  | 59 | なし |
|  | 60 | 町田　登 |
|  | 61 | なし |
|  | 62 | 町田　登 |
|  | 63 | なし |
|  | 64 | なし |
|  | 65 | 町田　登 |
|  | 66 | 町田　登 |
|  | 67 | 町田　登 |
|  | 68 | 町田　登 |
|  | 69 | 町田　登 |
|  | 70 | 町田　登 |
|  | 71 | 町田　登 |
|  | 72 | なし |
|  | 73 | 町田　登 |
|  | 74 | 町田　登 |
|  | 75 | 町田　登 |
|  | 76 | なし |
|  | 77 | 町田　登 |

※敬称略

|   |     |            |
|---|-----|------------|
|   | 78  | 町田 登     |
|   | 79  | 村岡 登     |
|   | 80  | 町田 登     |
|   | 81  | 町田 登     |
|   | 82  | 町田 登     |
| 5 | 83  | なし       |
|   | 84  | なし       |
|   | 85  | なし       |
|   | 86  | なし       |
|   | 87  | 町田 登     |
|   | 88  | なし       |
|   | 89  | なし       |
| 6 | 90  | なし       |
|   | 91  | 町田 登     |
|   | 92  | 町田 登     |
|   | 93  | 町田 登     |
|   | 94  | なし       |
|   | 95  | 町田 登     |
|   | 96  | 町田 登     |
|   | 97  | 町田 登     |
|   | 98  | なし       |
|   | 99  | 町田 登     |
|   | 100 | 町田 登     |
|   | 101 | 町田 登     |
|   | 102 | 町田 登     |
| 7 | 103 | 星克一郎     |
|   | 104 | 星克一郎     |
|   | 105 | 町田 登     |
|   | 106 | 町田 登     |
|   | 107 | 町田 登     |
|   | 108 | 町田 登     |
|   | 109 | なし       |
|   | 110 | なし       |
|   | 111 | 町田 登     |
|   | 112 | 町田 登     |
|   | 113 | 町田 登     |
|   | 114 | 町田 登     |
|   | 115 | 町田 登     |
|   | 116 | 町田 登     |
|   | 117 | 町田 登     |
| 8 | 118 | 柴内晶子     |
|   | 119 | 柴内晶子     |

|    |     |                                                      |
|----|-----|------------------------------------------------------|
|    | 120 | 柴内晶子                                             |
|    | 121 | 柴内晶子                                             |
|    | 122 | 柴内晶子                                             |
|    | 123 | 柴内晶子                                             |
|    | 124 | 柴内晶子                                             |
| 9  | 125 | 町田 登                                              |
|    | 126 | 左:永田雅彦(ASC どうぶつ皮膚病センター),右:町田 登 |
|    | 127 | 左:永田雅彦,右:町田 登                              |
|    | 128 | 左:永田雅彦,右:町田 登                              |
|    | 129 | 左:永田雅彦,右:町田 登                              |
|    | 130 | 左:永田雅彦*,右:町田 登                             |
|    | 131 | 永田雅彦                                             |
|    | 132 | 永田雅彦                                             |
|    | 133 | 永田雅彦                                             |
| 10 | 134 | 長江秀之                                             |
|    | 135 | 長江秀之                                             |
|    | 136 | 町田 登                                              |
|    | 137 | 町田 登                                              |
| 11 | 138 | 町田 登                                              |
|    | 139 | 町田 登                                              |
| 12 | 140 | 福島 潮(鎌倉山動物病院)                            |
|    | 141 | 福島 潮                                              |
|    | 142 | 福島 潮                                              |
|    | 143 | 福島 潮                                              |
|    | 144 | 福島 潮                                              |
| 13 | 145 | なし                                                 |
|    | 146 | なし                                                 |
|    | 147 | なし                                                 |
|    | 148 | なし                                                 |
|    | 149 | なし                                                 |
|    | 150 | なし                                                 |
|    | 151 | なし                                                 |
|    | 152 | なし                                                 |
|    | 153 | なし                                                 |
|    | 154 | なし                                                 |
|    | 155 | なし                                                 |
| 14 | 156 | なし                                                 |
|    | 157 | なし                                                 |

※敬称略

*永田雅彦著:普及版犬と猫の皮膚科臨床, 198頁, 図 10-3, 2008, ファームプレスより転載.

# 索　引

## あ

悪性黒色腫　19, 26, 53
悪性骨腫瘍　211
悪性神経鞘腫　47
アトピー性皮膚炎　193, 202, 215
アレルギー性肺炎　15, 24, 25

## い

移行上皮癌　140, 144
遺残乳歯　56
異所性尿管　135
犬コロナウイルス感染症　68, 232, 233
犬糸状虫症　14, 28, 99
犬ジステンパーウイルス感染症　41, 68, 226
犬ジステンパー脳炎　34, 41
イヌセンコウヒゼンダニ症　197
犬伝染性肝炎　91, 97, 185, 228
　重症肝炎　126
イヌニキビダニ症　190, 192
犬パルボウイルス感染症　68, 73, 230, 232, 233
犬ヘルペスウイルス感染症　164, 169, 229
胃の腫瘍　65
印環細胞癌　65
咽喉頭の閉塞性疾患　19
インスリノーマ　107, 126
咽頭炎　52

## う

右大動脈弓遺残症　5, 61

## え

会陰ヘルニア　109, 146
壊死性髄膜脳炎　34, 41
炎症性エプリス　54
炎症性肝疾患　97
炎症性乳癌　175
円板状エリテマトーデス　200

## お

横隔膜ヘルニア　27, 29, 31

## か

外耳炎　39, 214, 215
可移植性性器腫瘍　170
疥　癬　197
拡張型心筋症　8
角膜潰瘍　218
下垂体依存性副腎皮質機能亢進症　122
カタル性十二指腸炎　69
化膿性カタル性気管支肺炎　24
化膿性前立腺炎　148
顆粒膜細胞腫　155
肝硬変　100, 126
肝細胞癌　102, 126
間細胞腫　159
環軸椎亜脱臼　42
間質性腎炎　93, 128
乾性角結膜炎　219
肝性脳症　34, 89, 228

肝臓腫瘍　102

## き

気管虚脱　20
気　胸　27, 28, 32
寄生性貧血　180
寄生虫感染　74, 75
亀頭包皮炎　169
偽妊娠　172
吸引性肺炎　5, 24, 59
吸収不良　74, 81
急性胃炎　63
急性胃拡張‐胃捻転　66, 185
急性カタル性胃炎　63
急性下痢　80
急性骨髄性白血病　182
急性小腸性下痢　80
急性腎不全　131, 244
急性膵炎　104, 185
急性リンパ芽球性白血病　181
胸　水　29
局所性イヌニキビダニ症　190
巨大結腸　87
巨大食道　5, 24, 59

## く

クッシング症候群　169, 192

## け

痙攣発作　34, 38
血小板減少症　183, 185, 244
ケンネルコフ　236

## こ

口腔内腫瘍　53
好酸球性大腸炎（慢性炎症性大腸）　84
好酸球性腸炎　70, 74, 81
好酸球性肺炎　25
後肢の神経障害　49
甲状腺機能低下症　59, 117, 192
口内炎　52
肛門周囲腺腫　114
肛門周囲瘻　112
肛門嚢疾患　111
誤嚥性肺炎　5, 24, 59
股関節異形成　208
股関節形成異常　208
コクシジウム症　69, 233, 240
骨肉腫　26, 47, 211
コリーノーズ　200
根尖膿瘍　54, 55

## し

ジアルジア症　69, 74, 84, 233, 239
子宮脱　144, 163
子宮蓄膿症　161, 164
耳血腫　215
自己免疫性溶血性貧血　178
歯周疾患　54, 56
膝蓋骨内方脱臼　206
歯肉炎　52
脂肪肉芽腫性リンパ管炎　81
縦隔型リンパ腫　186
縦隔洞気腫　27, 28, 32
重症肝炎（犬伝染性肝炎）　126
重症筋無力症　48
出血性胃腸炎　73, 80, 185
消化管間質腫瘍　78
消化器型リンパ腫　65, 74, 78, 81, 186
消化不良　74, 81
症候性てんかん　34
小　腸
　－のウイルス感染　68
　－の原虫感染　69

－の腫瘍　78, 81
　上皮小体機能亢進症　119, 128
　上部気道感染症群　236
　食道炎　58
　食道閉塞　61
　腎盂腎炎　130, 133
　神経障害
　　　後肢の－　49
　　　前肢の－　49
　神経鞘腫　47
　腎結石　133
　心室中隔欠損症　3
　心室頻拍　10
　新生子抗体依存性溶血症　178
　腎不全　131, 234
　心膜液貯留　12

## す

　膵　炎　29, 93, 99
　膵外分泌不全　74, 81, 106
　膵臓・外分泌腫瘍　107
　膵臓腫瘍　107
　水頭症　34, 36
　髄膜腫　37, 47

## せ

　精細胞腫　156, 159
　精巣炎　158
　精巣腫瘍　159
　精巣上体炎　158
　脊髄腫瘍　47
　舌　炎　52
　セミノーマ　156, 159
　セルトリ細胞腫　156, 159
　線維肉腫　53
　浅在性膿皮症　192
　前肢の神経障害　49
　全身性イヌニキビダニ症　190
　全身性エリテマトーデス　178

　前庭疾患　39
　先天性尿管疾患　135
　前部ブドウ膜炎　91, 223
　前立腺炎　146, 148
　前立腺癌　150
　前立腺腫瘍　150
　前立腺肥大　144, 146, 148

## そ

　僧帽弁閉鎖不全症　6
　組織球性潰瘍性大腸炎　83, 86
　組織球性大腸炎（慢性炎症性大腸
　　疾患）　84

## た

　大腸炎　84
　大腸癌　88
　大腸の腫瘍　88
　唾液腺囊腫　57
　唾液囊腫　57
　多中心型リンパ腫　186
　胆管炎　93
　胆管肝炎　93
　胆管細胞癌　102
　胆石症　93, 96
　胆囊炎　93, 94, 96
　蛋白喪失性腸症　70, 74, 81

## ち

　腟　炎　164, 229
　腟腫瘍　163, 165, 167
　腟・線維腫　167
　腟　脱　144, 165, 167
　腟肥厚　165, 167
　中毒性肝炎　99, 100
　中毒性貧血　180
　腸閉塞　76, 80
　直腸脱　110

## つ

椎間板脊椎炎　44
椎間板ヘルニア　45，47

## て

DIC　183，185，228，234，244
低血糖　126，228
停留精巣　156，159
転移性脳腫瘍　34，38
伝染性気管気管支炎　236

## と

銅蓄積性肝障害　97
糖尿病　120
動脈管開存症　4
特発性出血性心膜液貯留　12
特発性てんかん　34

## な

軟骨肉腫　211

## に

肉芽腫性髄膜脳炎　34，41
乳腺炎　173
乳腺腫瘍　26，174
乳び胸　29
尿道結石　144
尿道閉塞　144
尿崩症　116
尿路上皮癌　140，144

## ね

熱性熱傷　242
熱中症　185，244

## の

脳　炎　34，41
脳腫瘍　35，37
ノミアレルギー性皮膚炎　204

## は

肺
　－の外傷　27
　－の挫傷　27
肺　炎　24，28
肺腫瘍　26，28
肺水腫　6，8，23
肺腺癌　26
肺動脈弁狭窄症　2
ハインツ小体性溶血性貧血　180
白内障　120，220
播種性血管内凝固　185
バベシア症　180，238

## ひ

PSS　89，101，126
鼻腺癌　18
肥大性幽門狭窄　62
皮膚型リンパ腫　186
皮膚糸状菌症　195
ピロプラズマ症　238

## ふ

副腎皮質機能亢進症　122
副腎皮質機能低下症　59，124，126
不整脈　6，8，10，14，66，244
不整脈源性右室心筋症　10

## へ

閉塞性疾患
　咽喉頭の－　19
変形性脊椎症　43
扁桃炎　52
扁平上皮癌　53

## ほ

膀胱
 　―の外傷　142
 　―の腫瘍　140
膀胱炎　136, 140
膀胱結石　136, 138, 144
ホルネル症候群　39, 40

## ま

マラセチア皮膚症　202
慢性胃炎　63
慢性炎症性大腸疾患　83
　　リンパ球プラズマ細胞性大腸炎　84
　　好酸球性大腸炎　84
　　組織球性大腸炎　84
慢性炎症性腸疾患　70, 74, 93, 99, 100
慢性外耳炎　214
慢性活動性肝炎　97, 99, 100
慢性気管支炎　21
慢性下痢　81
慢性小腸性下痢　81
慢性腎不全　131
慢性大腸炎　84
慢性膀胱炎　136

## め

免疫介在性溶血性貧血　178

## も

毛包虫症　190
門脈体循環シャント　89

## よ

溶血性貧血　180

## ら

ライディッヒ細胞腫　159
落葉状天疱瘡　198
卵巣腫瘍　155
卵巣嚢胞　154
卵胞性嚢胞　154

## り

緑内障　222
リンパ管拡張症　74, 81
リンパ球プラズマ細胞性大腸炎
　（慢性炎症性大腸疾患）　84
リンパ球プラズマ細胞性腸炎　74, 81
リンパ腫　186

## れ

レッグ・カルブ・ペルテス症　210
レプトスピラ症　100, 128, 131, 234

犬の臨床診断のてびき　　定価（本体 8,800 円＋税）

2009 年 1 月 15 日　第 1 版第 1 刷発行　　　　＜検印省略＞

監修者　町　　田　　　　登
発行者　永　　井　　富　　久
印　刷　㈱平　河　工　業　社
製　本　田　中　製　本　印　刷　㈱

発　行　**文永堂出版株式会社**
〒113-0033　東京都文京区本郷 2 丁目 27 番 3 号
TEL　03-3814-3321　FAX　03-3814-9407
振替　00100-8-114601 番

Ⓒ 2009　町田　登

ISBN　978-4-8300-3219-6